Web制作者のための
Sublime Text [サブライム テキスト] の教科書

今すぐ最高のエディタを使いこなすプロのノウハウ

こもりまさあき 監修　上野正大、杉本 淳、前川昌幸、森田 壮 著

インプレスジャパン

著者プロフィール

上野 正大（うえの・まさひろ）

ChatWork株式会社 技術部エンジニア。1983年生まれで2児のパパ。Webサービス開発系企業でC#、PHP、Python、JavaScriptなどで開発経験を積み、TitaniumコミュニティであるTi.Developers.meetingを主催。そこからの縁でChatWork株式会社へ入社。現在は同社モバイル開発チームリーダーとしてiOS/Android開発を行っている。

- Twitter @astronaught
- GitHub https://github.com/astronaughts

杉本 淳（すぎもと・じゅん）

understandardの屋号で活動するフリーランス。主にHTML、CSS、JavaScriptを用いた実装、WordPressでのサイト構築を担当。Webコンテンツ運営会社、Web制作会社でのデザイン、HTML / CSSコーディング業務を経て2011年に個人事業主として独立。趣味はボルダリング。いぬ派。

- Twitter @understandard
- understandard http://www.understandard.net

前川 昌幸（まえかわ・まさゆき）

岡山県でWeb制作会社に勤務。okayama-js主宰。主にマークアップ、フロントエンド、サーバサイドプログラミングを担当。業務でのWeb制作を行いながら、岡山や東京などでCSS Niteなどのセミナー・勉強会にマークアップやJavaScriptなどのテーマで登壇。また、okayama-jsなどのWebに関連した勉強会の企画や主催も行う。著書に『現場でかならず使われているCSSデザインのメソッド』（MdN／共著）、『現場のプロが教えるWeb制作の最新常識』（MdN／共著）がある。

- Twitter @maepon
- ブログ http://maepon.skpn.com

森田 壮（もりた・そう）

ソウラボの屋号で活動するフリーランスWebデザイナー。アパレル会社のEC担当からWeb制作の世界へ。その後、デジタルハリウッドを卒業し、制作会社でデザイナー、ディレクターを経てフリーランスへ。企画からデザイン、コーディング、構築までサイト制作全般を担当。制作のほかにも、講師業や株式会社フィフティフォレストでEC業務など。趣味はマンガとラーメン。猫も好きだけど、いぬ派。主な著書に『Web制作者のためのSassの教科書』（インプレスジャパン／共著）がある。

- Twitter @sou_lab
- ブログ http://blog.sou-lab.com/

監修者プロフィール

こもりまさあき

1990年代前半に都内のDTP系デザイン会社にてアルバイトをはじめ、入出力業務、デザイン業務、ネットワーク関連業務に並行して従事。2001年、会社を退職しそのままフリーランスの道へ。案件ごとに業務内容や立ち位置が異なるため、職域的な肩書きはなし。近著に『基礎から覚える、深く理解できる。Webデザインの新しい教科書』（MdN／共著）など。現在は、沖縄を拠点にして新事業の立ち上げ準備中。

- Twitter @cipher

Apple、Mac、Macintoshは、米国Apple Inc.の登録商標です。
Microsoft、Windowsは、米国Microsoft Corporationの登録商標です。
そのほか、本文中の製品名およびサービス名は、一般に各開発メーカーおよびサービス提供元の商標または登録商標です。なお、本文中には™および®マークは明記していません。

はじめに

本書は、テキストエディタアプリケーションである「Sublime Text」（サブライム・テキスト）のガイドブックです。

Sublime Textは、Web制作者の皆さんが普段利用される素敵なGUIを備えたオーサリングツールとは比べものにならない、必要最低限の機能だけしかないシンプルで無骨なテキストエディタ（70USドル）であるにもかかわらず、世界中のWebデザイナーやWebデベロッパーの間で大人気となっています。日本では「Sublime Text 2」が登場した3年ほど前から、海外の情報に詳しい一部のWeb制作者たちが利用し始めたことで、このエディタの存在が広く知られることになりました。

Web制作に利用するテキストエディタは、その利用目的や操作性において利用者の好みが色濃く表れるものです。総合開発環境として有名なEclipseをはじめ、WebStormやPhpStorm、秀丸やVim、Emacsなど、ときにはその操作性や使い勝手の差をそれぞれの愛用者同士が自慢しあう光景も見られます。また、スニペットをはじめとしたこれまで自分で溜め込んだ資産をホイソレと手放すことができないのも事実。そんな中にあって何故Sublime Textがここまで人気を集めるのか、それはパッケージシステムを使った拡張性の高さから、多様な環境や開発言語に自分好みで柔軟に対応できる点が人気を得ている理由の1つともいえるでしょう。

本書は、「Sublime Textのことなら俺にまかせろ」とでもいいたげな現役でWeb制作に従事する4人の執筆陣が、テキストエディタとしての基本的な操作方法はもちろんのこと、現在の多様なWeb制作のニーズにあわせて使えるパッケージを厳選しその用途や使い方を解説しています。本書が、Sublime Textをうまく使いこなせない方はもちろん、これから使い始めようと考えている方、そしてより多くのWeb制作者の一助となれば幸いです。

2014年2月
こもりまさあき

CONTENTS 目次

著者プロフィール 2
はじめに 3

第1章　Sublime Text を導入しよう　　9

1-1　Sublime Text とは 10
Sublime Text のここがすごい 11
バージョン2と3の違い 14

1-2　Sublime Text のダウンロードとインストール 15
Sublime Text をダウンロードする 15
Sublime Text のインストールは簡単 16
ライセンスを購入する 16
最新版へのアップデートは自動で行われる 17

1-3　Sublime Text の画面解説 18
画面各部の名称 18
集中して作業できる全画面表示モード 21

1-4　対訳付きメニュー一覧 22

1-5　Sublime Text の環境設定 28
環境設定と設定ファイル 28
環境設定を変更する 30
ショートカットキーを変更する 35

1-6　パッケージのインストール 38
Package Control をインストールする 38
パッケージをインストールする 39
Package Control でよく使う機能 42

1-7　日本語環境の設定 46
Shift_JIS のサポート 46
Windows 版固有の設定 47
メニューの日本語化について 48

1-8　テーマの変更 50
テーマをインストールする 50
Soda を利用した外観のカスタマイズ 52
アイコンの変更 53

第2章　覚えておきたい標準機能　　55

2-1　基本的な編集機能 ……………………………………………… 56
ほかのエディタと共通する機能は同じように使える ………………… 56
同じ文字列をまとめて選択して編集する ……………………………… 57
複数箇所をまとめて編集する …………………………………………… 59
コラム：ステータスバーで選択状態を確認する ……………………… 60
行単位で編集する ………………………………………………………… 60
履歴からペーストする …………………………………………………… 62
画面の分割機能を使いこなそう ………………………………………… 62
コラム：Sublime Text 3 で強化された画面の分割機能 ……………… 64
Sublime Text の多彩な検索／置換機能 ………………………………… 65
Goto 機能ですばやくジャンプする …………………………………… 67

2-2　コーディングルールに対応する ……………………………… 70
ユーザー環境設定（Preferences）での調整 …………………………… 70
言語ごとに設定する ……………………………………………………… 73
ファイル単位で設定する ………………………………………………… 77
案件やプロダクト単位で設定する ……………………………………… 79

2-3　プロジェクトの活用 …………………………………………… 81
プロジェクトの簡単な設定方法 ………………………………………… 81
プロジェクトの設定 ……………………………………………………… 82
複数のディレクトリをプロジェクトとして扱う ……………………… 85
そのほかの機能 …………………………………………………………… 88

2-4　コード入力に役立つ機能 ……………………………………… 89
言語に特化したパッケージを導入する ………………………………… 89
シンタックスを指定する ………………………………………………… 90
スニペット／コード補完を利用する …………………………………… 90
スニペットを作成する …………………………………………………… 91
プレースホルダを利用したスニペット ………………………………… 93
コード補完の編集 ………………………………………………………… 97
Sublime Text 3 で強化された Goto …………………………………… 101

2-5　HTML / CSS に役立つ機能 ………………………………… 103
パッケージの活用を前提に ……………………………………………… 103
Sublime Text 自体の機能 ……………………………………………… 104

2-6　プログラミングに役立つ機能 ………………………………… 106
プログラミング向けの入力補助 ………………………………………… 106
Sublime Text からプログラムを実行する …………………………… 108
ビルドの対象を追加する ………………………………………………… 109
ログファイルやデータファイルを処理する …………………………… 112

第3章　パッケージで機能拡張しよう　　115

3-1　パッケージについてもっと詳しく知っておこう　116
- パッケージと Package Control　116
- パッケージの種類　117
- パッケージの構造　118

3-2　パッケージを管理する　121
- パッケージの整理整頓は重要　121
- Package Control を使わないパッケージのインストール方法　123

3-3　パッケージの探し方　125
- Package Control のサイトから探す　125
- Package Control 以外でパッケージの情報を探す　129

3-4　パッケージを開発する　130
- パッケージの作り方　130
- 実際に作ってみる　132
- コラム：Package Control に登録してみる　136

第4章　プロが教える特撰パッケージ　　137

4-1　どんなときにも役に立つ必須パッケージ　138
- サイドバーを多機能に拡張する　138
  - SideBarEnhancements　138
- 改行コードをすばやく確認／変更する　141
  - LineEndings　141
- コラム：Sublime Text 3 で改行コードを表示する　143
- 行末の半角スペースを削除する機能を強化する　144
  - Trailing Spaces　144
- コラム：パッケージ設定ファイル　145
- ファイルのオープンや切り替えをさらにスムーズにする　146
  - Focus Last Tab　146
  - Quick File Open　147
  - GotoRecent　148
  - RecentActiveFiles　148
  - Zip Browse　149
- ファイルの履歴や新規作成を便利にするパッケージ　150
  - Local History　150
  - SublimeOnSaveBuild　151
  - AdvancedNewFile　152
- 黒い画面をすばやく開く　153
  - Terminal　153
- コラム：Mac で Sublime Text をターミナルから開く　155
- キーバインドの設定を一覧で表示する　156
  - BoundKeys　156

選択の拡張機能をさらに便利にする ··· 157
　　SuperSelect ·· 157
再起動時にスクロール位置やキャレット位置も復元する ······························· 157
　　BufferScroll ··· 158

4-2　Web制作に役立つパッケージ ·· 159

リセット用CSSやフレームワークをすばやく導入する ·································· 159
　　Nettuts+ Fetch ·· 159
CDNに登録されているライブラリを簡単にリンクする ································· 162
　　cdnjs ··· 162
コードのカッコを見やすく&修正しやすくする ·· 163
　　BracketHighlighter ·· 163
コード補完やコードチェック、コード整形を行う ····································· 165
　　SublimeCodeIntel ··························· 165　　SublimeLinter ···················· 165
　　All Autocomplete ··························· 167　　Alignment ························ 167
　　Tag ······································· 168　　CSScomb ·························· 169
インデントを賢く削除する ·· 170
　　Smart Delete ·· 170
CSSの宣言をすばやく探す ·· 171
　　Goto-CSS-Declaration ·· 171
HTMLをブラウザでプレビューする ··· 172
　　View In Browser ··························· 172　　Browser Reflesh ················· 173
　　LiveReload ································ 174　　Live Style ······················ 175
CSSプリプロセッサとHTMLテンプレートエンジンを使いこなそう ······················ 177
　　Sass ······································ 177　　SCSS ···························· 177
　　SASS Build ································ 178　　SASS Snippets ··················· 178
　　Compass ··································· 178　　LESS ···························· 179
　　LESS-build ································ 179　　Stylus ·························· 179
　　Haml ······································ 180　　Jade ···························· 180
　　Jade Build ································ 180　　Ruby Slim ······················· 181
　　Handlebars ································ 181
CSSフレームワークを利用する ··· 182
　　Twitter Bootstrap Snippets ················ 182　　Bootstrap 3 Snippets ············ 183
　　Bootstrap 3 Jade Snippets ················· 183　　Foundation 5 Snippets ··········· 184
WordPressサイトの制作に役立つパッケージ ·· 185
　　WordPress ································· 185　　Search WordPress Codex ········· 186
Stack Overflowから情報を探す ··· 187
　　Search Stack Overflow ··· 187
CSSプロパティの最新情報を「Can I Use」で確認する ································ 188
　　Can I Use ··· 188

4-3　EmmetやHayakuでHTML / CSSの入力を効率化する ·························· 189

EmmetでHTML / CSSをすばやく入力する ··· 189
　　Emmet ··· 190
HayakuでCSSをより柔軟に入力する ·· 199
　　Hayaku ·· 199
CSS内の数値をショートカットキーで増減する ·· 201
　　Inc-Dec-Value ··· 201

便利な補完機能や画像ファイルの変換機能を追加する ········· 202
 AutoFileName ··········· 202 Colorpicker ··········· 204
 Image2Base64 ··········· 205

4-4 JavaScriptでの開発に役立つパッケージ ········· 206

JavaScriptのスニペット／コード補完系パッケージ ········· 206
 JavaScript Console ··········· 206 JavaScript Patterns ··········· 207
 jQuery ··········· 208 AndyJS2 ··········· 208
 Underscorejs snippets ··········· 209 Backbone.js ··········· 209
 AngularJS ··········· 210 Jasmine ··········· 211
 Mocha Snippets ··········· 211

altJS用パッケージを利用する ········· 212
 Better CoffeeScript ··········· 212 Better TypeScript ··········· 213
 Dart ··········· 215

JavaScirptファイルを圧縮する ········· 216
 JsMinifier ··········· 216

4-5 サーバサイドからMarkdownまでさまざまな言語用のパッケージ ········· 217

Python開発に役立つパッケージ ········· 217
 Python Auto-Complete ··········· 217 Python Flake8 Lint ··········· 218

APIドキュメント用のコメントを記述する ········· 219
 DocBlockr ··········· 219

Markdown形式のドキュメントをブラウザでプレビューする ········· 221
 Markdown Preview ··········· 221

シェルスクリプトやApacheの設定を見やすくする ········· 222
 Dotfiles Syntax Highlighting ··········· 222 ApacheConf.tmLanguage ··········· 222

4-6 ソース管理システムや簡易Webサーバを運用する ········· 223

Gitでソース管理／バージョン管理を行う ········· 223
 sublime-github ··········· 223 SublimeGit ··········· 225

Sublime Textで簡易Webサーバを運用する ········· 228
 SublimeServer ··········· 228

FTPでファイルをアップロードする ········· 229
 Sublime SFTP ··········· 229

付録：ショートカットキー一覧 ········· 238
付録：用語集 ········· 242
索引 ········· 250

第1章 Sublime Text を導入しよう

第1章では、Sublime Textの概要からインストール、そして最初のセッティングまで一気に紹介します。導入の前にSublime Textがどんなエディタかを知れば、きっとその魅力がわかってもらえると思います。メニューの一覧や、環境設定などSublime Textのキホンがすべて詰まった章になっています。

1-1	Sublime Text とは	10
1-2	Sublime Text のダウンロードとインストール	15
1-3	Sublime Text の画面解説	18
1-4	対訳付きメニュー一覧	22
1-5	Sublime Text の環境設定	28
1-6	パッケージのインストール	38
1-7	日本語環境の設定	46
1-8	テーマの変更	50

1-1 Sublime Textとは

まずは多くの人を惹きつけるSublime Textの特徴や魅力的な機能の数々をまとめて紹介します。

Sublime Text 図1 は、オーストラリアのSublime HQ Pty Ltdが2008年にリリースしたシェアウェアのテキストエディタです。強力な編集機能、柔軟な拡張機能などの特徴から、海外では非常に高い人気を誇っています。国内でも徐々に人気が高まっており、ネットを検索すればさまざまな情報を確認することができるでしょう。

図1 Sublime Text

2014年2月現在の最新バージョンは2ですが、すでにバージョン3のパブリックベータ版が公開されており、そう遠くない時期に3の正式版が公開される予定です。

海外での高評価

海外サイトTutorialzineの記事「Which is the Best Code Editor?」では、13個のエディタを、使いやすさ・機能・拡張性・価格などから比較・評価しています。その中でSublime Textは、13個中最高評価の星4.6を獲得しています 図2 。

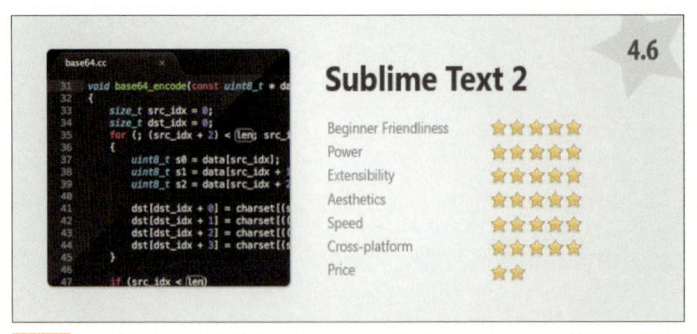

図2 Which is the Best Code Editor? | Tutorialzine (http://tutorialzine.com/2012/07/battle-of-the-tools-which-is-the-best-code-editor/)
価格以外はすべて星5の評価をされている

国内でもSublime Textを称賛する記事が数多くあり、徐々にユーザーを増やしています。

Sublime Textのここがすごい

Sublime Text公式サイトページのタイトル 図3 には、開発者ジョン・スキナー氏の次のようなメッセージが載せられています。

「The text editor you'll fall in love with」（恋に落ちるテキストエディタ）

開発サイドの強い自信を感じさせる言葉ですが、そのメッセージどおり、恋に落ちるといっても過言ではないすごい機能をたくさんもっています。その魅力を最初に紹介しましょう。

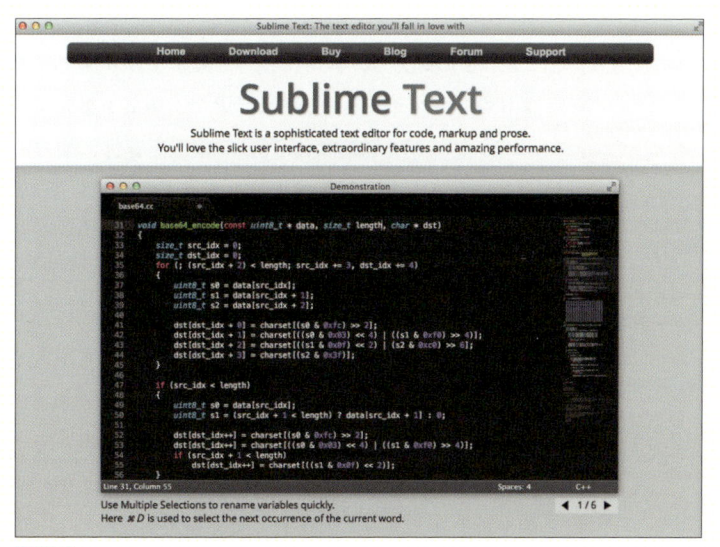

図3 Sublime Text: The text editor you'll fall in love with
（http://www.sublimetext.com/）

強力な編集機能

Sublime Textの1つ目の魅力は、エディタの本質である編集機能が強力なことです。特にWeb制作やプログラミングで欠かせないコード編集に役立つ機能が、標準で数多く用意されています。

- 入力を的確に補助するコード補完はもちろんのこと、短縮したワードで定型のコードを展開してくれる「スニペット」機能でコード入力を高速化できる
- 複数箇所をリアルタイムで編集できる「Multiple Selections」は、特定のワードを一括で修正したり、複数行をまとめて編集したりできる
- 「Goto Anything」はファイルおよびプロジェクトをインクリメンタル検索[*1]し、すぐに指定の場所にジャンプできる
- 右側に表示される「ミニマップ」でコード全体を把握でき、長大なコードでもすばやく目的の行まで移動できる
- 「Vintageモード」というVimのようなキーバインドで操作できる機能もあるので、CUI操作に慣れた方にもおすすめ

> **ヒント*1**
> インクリメンタル検索とは、キーワードを入力している途中で検索を行い、リアルタイムで検索結果を表示してくれる機能です。

　主要なテキスト編集機能を紹介した動画が、公式サイトのトップページに掲載されています 図3 。ぜひ一度見てみてください。

柔軟なカスタマイズ性

　2つ目の魅力は、非常に強力で柔軟なカスタマイズ性です。「パッケージ」と呼ばれるプラグインを追加することで、機能を拡張することができます。

　パッケージはSublime Textの機能を非常に強力にしてくれます。言語追加やスニペットなどの編集機能はもちろんのこと、デバッガやFTPクライアントなどもあり、インストールしていくとエディタの枠を超えてIDEに近い機能まで備えることができます。

　パッケージは有償・無償を合わせて2,000個以上[*2]あり、今後もどんどん増えていく見込みです。初期状態ではパッケージを導入する手順が少々手間なのですが、「Package Control」という管理ツールが提供されており、これをインストールしておけば、簡単にパッケージの追加や管理ができるようになります。

　また、環境設定でインターフェイスや挙動を細かく設定できるほか、テーマ機能やカラースキームもあり、見た目やカラーリングのカスタマイズも可能です。スニペットやショートカットも簡単にカスタマイズでき、これらの柔軟な拡張性により、自分に合ったカスタマイズが自由自在にできるのも人気の理由です。

> **ヒント*2**
> 執筆時点(2014年2月)のPackage Controlサイトへの登録数です。
> 詳しくは → P.117

試用は無期限・機能無制限

　Sublime Textはシェアウェアで、1ユーザー分のライセンスが70USドル[*3]で販売されています。ただし、ライセンスを購入しなくても無期限で試用できます。しかも、ファイルを保存する際にときどき購入を促すダイアログボックスが

> **ヒント*3**
> 執筆時点(2014年2月)の価格です。

表示されるだけで、機能制限などはありません。気に入ったら購入してくれればいいという太っ腹な仕様なので、これもまた1つの自信の表れといえるかもしれません。

クロスプラットフォーム

Windows、Mac、Linuxのクロスプラットフォームに対応しています。インターフェイスやショートカットもほとんど同じなので、複数の環境を使っている人でも操作に迷うことはないでしょう 図4 。

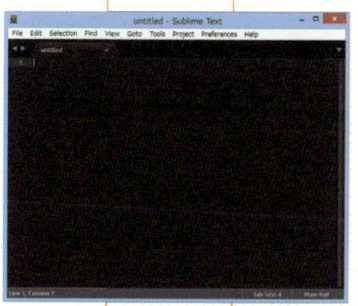

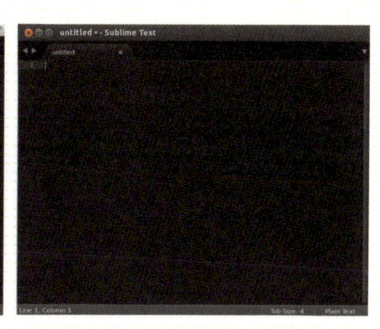

図4 左からWindows、Mac、Linux版のSublime Text

なお、本書は主にWindowsとMacのユーザーを対象として執筆しています。

豊富な対応言語

Sublime Textは標準で数多くの言語に対応しています 図5 。これらの言語は標準でコードがシンタックスハイライト（色分け）されます。言語によってはコード補完にも対応しています。

> ActionScript、AppleScript、ASP、batch files、C、C++、C#、Clojure、CSS、D、Diff、Erlang、Go、Graphviz (DOT)、Groovy、Haskell、HTML、Java、JSP、JavaScript、JSON、LaTeX、Lisp、Lua、Makefiles、Markdown、MATLAB、Objective-C、OCaml、Perl、PHP、Python、R、Rails、Regular Expressions、reStructuredText、Ruby、Scala、shell scripts (Bash)、SQL、Tcl、Textile、XML、XSL、YAML

図5 標準で対応している言語

上記以外の言語もパッケージをインストールすることで、追加できます。新しい言語やメタ言語、フレームワーク拡張言語など、さまざまな言語対応のパッケージが開発・公開されており、対応していない言語はないといっても過言ではありません。

バージョン2と3の違い

　執筆時点ではバージョン2の正式版に加えてバージョン3のパブリックベータ版が公開されており、2種類のSublime Textが併存しています。バージョン3へのメジャーアップデートでは、さまざまな新機能の追加、安定性・パフォーマンスの向上などが行われていますが、インターフェイスやアイコンなど見た目の違いはほとんどありません 図6 。

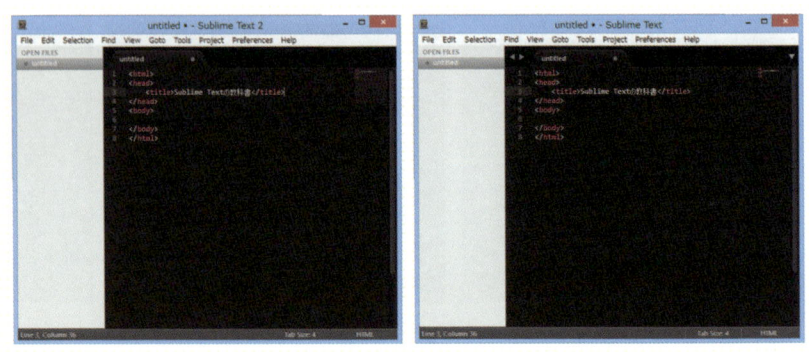

図6　Windows版のSublime Text 2（左）とSublime Text 3（右）のユーザーインターフェイス

　主要な機能はバージョン2からすべて引き継がれているので、共通部分の操作はまったく同じです。違和感なく3へ移行できるでしょう。バージョン3は実用可能なレベルにあるとはいえベータ版なのでバグが存在する可能性がありますが、Sublime Text 2のサポートを終了する人気の高いパッケージも増えてきているので、機能をフルで使いたい場合は現時点でもバージョン3を使うことをおすすめします。

　2と3は別の場所にインストールされるので、別アプリケーションとして同時に起動することが可能です。2から3へ乗り換える場合は、2も残しておいて様子を見ながら移行するといいでしょう。

①-2 Sublime Textのダウンロードとインストール

さっそくSublime Textインストールしてみましょう！　ここではライセンスの購入や登録方法も解説します。

Sublime Textをダウンロードする

　Sublime Textをダウンロードする場合は、公式ページのナビゲーションから「Download」ページを表示し、目的のOSのリンクをクリックします 図7 。

　執筆時点でナビゲーションから直接アクセスできるのは、バージョン2のダウンロードページです。バージョン3をダウンロードしたい場合は、同ページ内の「Sublime Text 3 is currently in beta,」のリンクからダウンロードページに移動してください。正式に3がリリースされた際には、ナビゲーションのリンク先はバージョン3になるでしょう。

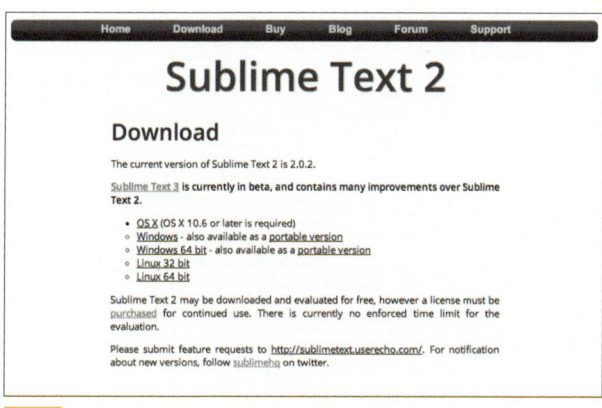

図7　Sublime Text - Download（https://www.sublimetext.com/2）
　　　使用しているOSを選択し、インストーラーをダウンロード

Sublime Textのインストールは簡単

インストール方法は一般的なアプリケーションと変わりません。Macはdmgファイルを開き［アプリケーション］フォルダにドラッグします。Windowsはインストーラーをダブルクリックで起動してインストールします。なお、Windowsはインストール不要のポータブル版も用意されています[*4]。Linuxは展開してインストールする方法のほか、PPAを使ってインストールすることもできます。

> **ヒント[*4]**
> ポータブル版はUSBメモリに入れてそのまま利用できるバージョンです。任意のPCに接続すればすぐに普段の環境で作業できるので、移動が多い人におすすめです。機能面ではインストール版とほとんど変わりません。なお、本書はインストール版で検証・執筆しています。

ライセンスを購入する

Sublime Textが気に入ってライセンスを購入したい場合は、公式サイトの「Buy」ページからPayPalまたはクレジットカード決済で購入することができます 図8 。

図8 Sublime Text - Buy (https://www.sublimetext.com/buy)

価格は1ユーザー70USドル[*5]で、バージョン3へのアップデートライセンスも含まれています。ライセンスには個人向けと企業向けのビジネスライセンスがあり、ビジネスライセンスではライセンス数に応じた値引きも用意されています[*6]。ただし、教育機関へのアカデミック版は提供されていないようです。

> **ヒント[*5]**
> 執筆時点（2014年2月）の価格です。

> **ヒント[*6]**
> ビジネスライセンスで会社のマシン用に購入したものは、個人のマシンにインストールできません。

図8 PayPalの画面に切り替わり、クレジットカードで決済できる。すでにPayPalアカウントをもっている人は上の「Pay with my PayPal account」を選ぼう

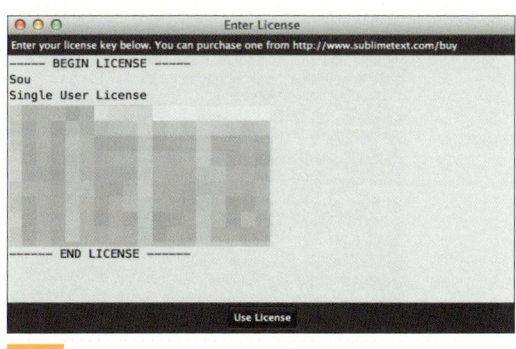

購入手続きが終わり次第、メールにてライセンスキー*7 が発行されるので、Sublime Textの [Help] メニューから [Enter License] を選択して、表示されるウィンドウに、発行されたライセンスキーをコピー＆ペーストします 図9 。

図9 ライセンスをコピー＆ペーストする

最新版へのアップデートは自動で行われる

Sublime Text本体およびリポジトリに登録されているパッケージ*8 は、自動的にアップデートされます*9。

ヒント*7

Sublime Textはユーザーライセンス方式なので、同じユーザーであれば複数のマシンにインストールすることが認められています。

ヒント*8

パッケージのリポジトリ登録について。
詳しくは → P.124

ヒント*9

アップデート時はインターネットに接続されている必要があります。

Sublime Textの画面解説

1-3

ここではSublime Textの画面構成について解説します。メニューなどはすべて英語ですが、シンプルでわかりやすいインターフェイスとなっているので、迷わず直感的に使うことができるでしょう。

画面各部の名称

Sublime Textのインターフェイスは次のように構成されています 図10 。

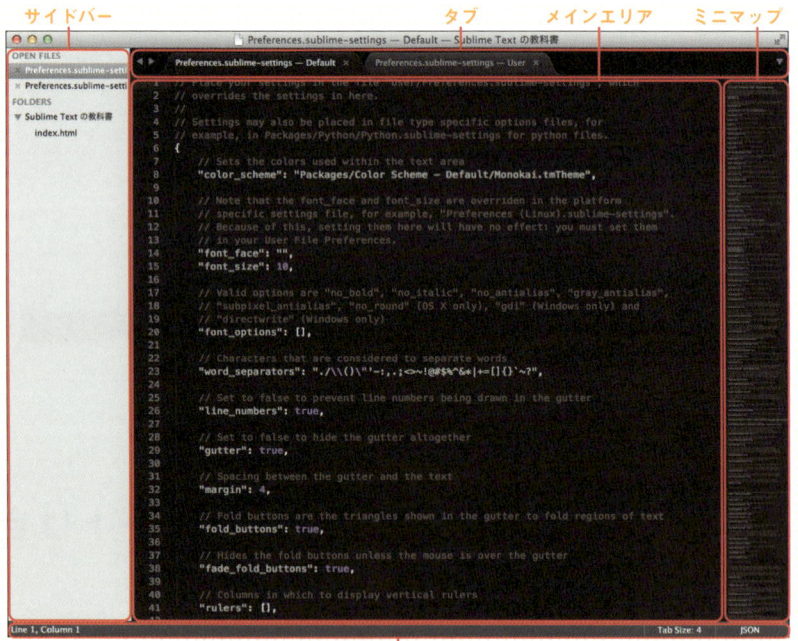

図10 Sublime Textの画面構成（Mac版）

　画面構成は大きく分けてメインエリア、サイドバー、ミニマップ、タブ、ステータスバーで構成されています。それぞれメニュー操作で表示／非表示を切り替えることができます。

OSによってメニューや閉じるボタンなどの配置は異なりますが、Sublime Text固有の画面構成は同じです図11。

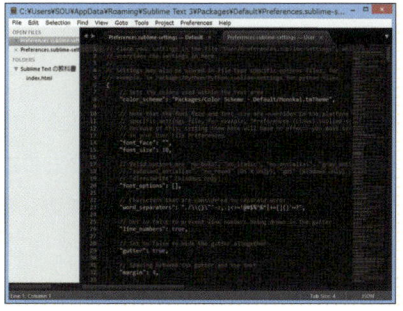

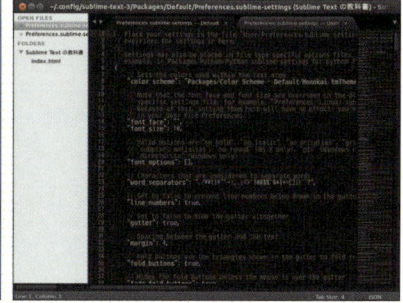

図11 Windows版（左）とLinux版（右）

分割可能なメインエリア

テキストを編集するメインエリアは分割することができます。HTMLとCSSなどを、同時に見比べながら編集したい場合などに便利です図12。横4列まで、縦3行まで、または2列×2行の4グリッドに画面を分割することができます。分割した画面を「グループ」と呼び、それぞれにタブ付きで複数のファイルを開くことができます。

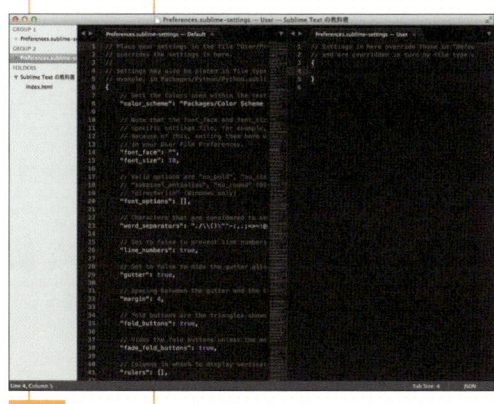

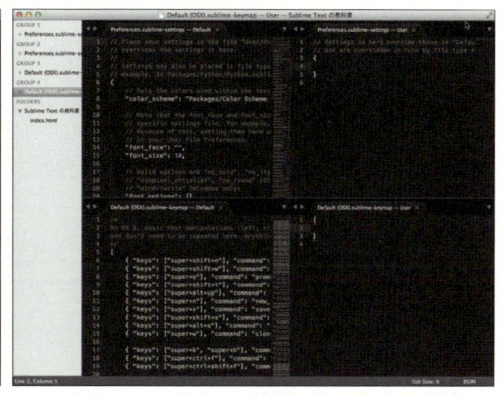

図12 「Columns: 2」表示（左）と「Grid: 4」表示（右）

画面を分割するには、次の操作を行います。

- メニュー操作：[View] → [Layout] → [Single] 〜 [Grid: 4]
- ショートカットキー：(Mac) 横分割 option + command + 1 〜 4
  縦分割 option + shift + command + 1 or 2
  (Windows) alt + shift + 1 〜 9 (6、7を除く)

なお、Sublime Text 3では、[View]メニューの[Layout]→[Groups]から、より詳細に画面分割をすることができます。

サイドバー

現在開いているファイルや、登録したフォルダ（プロジェクト）を表示します。表示するファイル切り替えや、開く／閉じるなどの操作ができます。

サイドバー自体の表示／非表示は次の操作で切り替えます。

- メニュー操作：
  [View]→[Side Bar]→[Hide Side Bar]⇔[Show Side Bar]
- ショートカットキー：(Mac) command + K, command + B [*10]
  (Windows) Ctrl + K, Ctrl + B

> ヒント*10
> カンマで区切られたショートカットキーは、順番に押すことを意味します。

ミニマップ

コードの全体図を縮小表示したものです。マップ上をクリックすると、その位置にスクロールします。次の操作で表示／非表示を切り替えます。

- メニュー操作：[View]→[Hide Minimap]⇔[Show Minimap]

タブ

1画面内で複数のファイルをタブ表示できます。ブラウザのタブと同じと思えばわかりやすいでしょう。タブはドラッグして順番を入れ替えることができ、ウィンドウの外までドラッグすると別ウィンドウとなります。また、タブ領域中のタブがないところでダブルクリックすると新規ファイルを作成できます。

次の操作でタブの表示／非表示を切り替えることができます。

- メニュー操作：[View]→[Hide Tabs]⇔[Show Tabs]

ステータスバー

ステータスバーの左側には、現在カーソルがある行数や文字位置が表示されています。テキストを選択した状態にすると文字数と行数をカウントします。右部の「Tab Size: 4」と表示されている部分は、クリックするとタブサイズや、タブ

とスペースを変換するメニューなどが選べます。「JSON」などの言語名が表示されている部分は、現在のシンタックスモードを表示しています[*11]。クリックすると登録されているシンタックスモードが選択できます。

> **ヒント*11**
> シンタックスモードとは特定の言語に合わせた設定のことです。
> 詳しくは → P.90

Line 1, Column 1		Tab Size: 4	JSON

図13 ステータスバー

次の操作でステータスバーの表示／非表示を切り替えることができます。

- メニュー操作：[View] → [Hide Status Bar] ⇔ [Show Status Bar]

集中して作業できる全画面表示モード

Sublime Textには、フルスクリーンと集中モードという2種類の全画面表示モードがあります。

フルスクリーン

フルスクリーンは画面いっぱいにSublime Textを表示します。最大化との違いは、タスクバーやウィンドウの枠がなくなり、完全にSublime Textの画像だけになる点です。Macでは、Mission Controlの1画面となります。

- メニュー操作：[View] → [Enter Full Screen] ⇔ [Exit Full Screen]
- ショートカットキー：(Mac) `control` + `command` + `F`、(Windows) `F11`

集中モード

集中モードでは、サイドバーやミニマップなどもなくなり、メインエリアだけが全画面表示されます[*12]。Macでは、Mission Controlの1画面となります。

> **ヒント*12**
> 集中モードで表示する内容は、環境設定で変更可能です。
> 詳しくは → P.35

- メニュー操作：
  [View] → [Enter Distraction Free Mode] ⇔ [Exit Distraction Free Mode]
- ショートカットキー：(Mac) `control` + `shift` + `command` + `F`
  (Windows) `Shift` + `F11`

1-4 対訳付きメニュー一覧

実際の機能については次章以降で解説していきますが、先にSublime Textのメニューを一覧で簡単に紹介しましょう。メニュー項目はすべて英語なので、日本語訳と併記しておきます。なお、[Help]メニューや[Window]メニューなど、直接テキスト編集に関係ないメニューは割愛しています。

File → P.56

New File （新規ファイル）
Open （ファイルを開く）
Open Recent （最近開いたファイル）
Reopen with Encoding （エンコードを変更して再度開く）
New View into File （同一ファイルを新規タブで開く）
Save （保存）
Save with Encoding （エンコードを指定して保存）
Save As （別名保存）
Save All （すべて保存）
New Window （新規ウィンドウ）
Close Window （ウィンドウを閉じる）
Close File （ファイルを閉じる）
Revert File （ファイルを開き直す）
Close All Files （すべてのファイルを閉じる）
Exit （Sublime Textを終了） [*13]

> **ヒント*13**
> Macは [Sublime Text] → [Quit Sublime Text]。

Edit

Undo （取り消す）	
Redo （やり直す）	
Undo Selection	Soft Undo （選択やカーソル移動などを取り消す） → P.58 Soft Redo （選択やカーソル移動などをやり直す）
Copy （コピー）	
Cut （切り取り）	
Paste （貼り付け）	
Paste and Indent （インデントして貼り付け）	
Paste from History （クリップボード履歴から貼り付け） [*14] → P.62	

> **ヒント*14**
> Paste from Historyはバージョン3からの機能です。

Line	Indent （インデント）	→ P.77
	Unindent （インデントの削除）	
	Reindent （再インデント）	
	Swap Line Up （上の行と入れ替える）	→ P.61
	Swap Line Down （下の行と入れ替える）	
	Duplicate Line （行の複製）	
	Delete Line （行の削除）	
	Join Lines （行の結合（改行を削除））	

| Comment | Toggle Comment （コメントを挿入） | → P.79 |
| | Toggle Block Comment （ブロックコメントを挿入） | |

Text	Insert Line Before （前（上）に行を挿入）	→ P.61
	Insert Line After （後（下）に行を挿入）	
	Delete Word Forward （カーソルより前の単語を削除）	
	Delete Word Backward （カーソルより後の単語を削除）	
	Delete Line （行の削除）	
	Delete to End （カーソルより後の行を削除）	
	Delete to Beginning （カーソルより前の行を削除）	
	Transpose （文字の入れ替え）	

Tag	Close Tag （タグを閉じる）	→ P.104
	Expand Selection to Tag （タグ内を選択）	
	Wrap Selection With Tag （タグで囲む）	

Mark	Set Mark （マークをセット）
	Select to Mark （マークからカーソルを選択）
	Delete to Mark （マークからカーソルを削除）
	Swap with Mark （マークを入れ替え）
	Clear Mark （マークを削除）
	Yank （ヤンク）

Code Folding	Fold （コードを折りたたむ）
	Unfold （折りたたみ解除）
	Unfold All （すべての折りたたみ解除）
	Fold All （すべて折りたたむ）
	Fold Level 2 〜 9 （階層で折りたたみ）
	Fold Tag Attributes （タグの属性を折りたたむ）

Convert Case	Title Case （頭文字を大文字）
	Upper Case （大文字）
	Lower Case （小文字）
	Swap Case （大文字・小文字を入れ替える）

| Wrap | Wrap Paragraph at Ruler （ルーラーで折り返し Wrap） |
| | Paragraph at 70 〜 120 （指定した文字数で折り返し） |

Show Completions （コード補完を表示） → P.90

Sort Lines （行をソートする） → P.114

Sort Lines（Case Sensitive）（行をソートする（大文字・小文字を区別））

Permute Lines	Reverse （行を反転）
	Unique （重複した行を削除）
	Shuffle （行をシャッフル）

Permute Selections	Sort （選択範囲をソートする）
	Sort（Case Sensitive）（選択をソートする（大文字・小文字を区別））
	Reverse （選択範囲を反転）
	Unique （重複した選択を削除）
	Shuffle （選択範囲をシャッフル）

Special Characters （特殊文字（Mac のみ））

Selection

Split into Lines　（複数行カーソル）	→ P.59
Add Previous Line　（前（上）にカーソル追加）	
Add Next Line　（後（下）にカーソル追加）	
Single Selection　（カーソル・選択範囲を単一にする）	
Invert Selection　（選択範囲を反転）[*15]	
Select All　（すべてを選択）	
Expand Selection to Line　（行を選択）	
Expand Selection to Word　（単語を選択）	
Expand Selection to Paragraph　（段落を選択）	
Expand Selection to Scope　（スコープを選択）	→ P.106
Expand Selection to Brackets　（カッコの中を選択）	→ P.106
Expand Selection to Indentation　（同じ階層のものを選択）	→ P.107
Expand Selection to Tag　（要素の中身を選択）	→ P.105

> **ヒント*15**
> 「Invert Selection」はバージョン3からの機能です。

Find → P.65

Find　（検索）
Find Next　（次を検索）
Find Previous　（前を検索）
Incremental Find　（インクリメンタル検索）
Replace　（置換）
Replace Next　（次を置換）
Quick Find　（選択範囲のワードを検索）
Quick Find All　（選択範囲のワードをすべて検索）
Quick Add Next　（選択範囲のワードの次を検索）
Quick Skip Next　（選択をスキップ）[*16]
Use Selection for Find　（選択範囲のワードを検索ボックスに指定）
Use Selection for Replace　（選択範囲のワードを置換ボックスに指定）
Find in Files　（ファイル・フォルダから検索）
Find Results ……… Show Results Panel　（検索結果を表示）
Next Result　（次の結果）
Previous Result　（前の結果）

> **ヒント*16**
> 「Quick Skip Next」はWindowsのみです。

View

Side Bar	Show Side Bar / Hide Side Bar （サイドバーの表示・非表示） Show Open Files / Hide Open Files （開いているファイルの表示・非表示）
Show Minimap / Hide Minimap （ミニマップの表示・非表示）	
Show Tabs / Hide Tabs （タブの表示・非表示）	
Show Status Bar / Hide Status Bar （ステータスバーの表示・非表示）	→ P.19
Show Menu / Hide Menu （メニューの表示・非表示）[17]	
Show Console / Hide Console （コンソールの表示・非表示）	
Enter Full Screen / Exit Full Screen （フルスクリーンのオン・オフ）	→ P.21
Enter Distraction Free Mode / Exit Distraction Free Mode （集中モードのオン・オフ）	
Layout	Single （単一画面） Columns: 2 （横2分割画面） Columns: 3 （横3分割画面） Columns: 4 （横4分割画面） Rows: 2 （縦2分割画面） Rows: 3 （縦3分割画面） Grid: 4 （縦横4分割画面） → P.19
Groups [18]	Move File to New Group （新しいグループへ移動） → P.64 New Group （新規グループ） Close Group （グループを閉じる） Max Columns: 1〜 （横カラムの上限を指定）
Focus Group	Next （フォーカスを次のグループに移動） Previous （フォーカスを前のグループに移動） Group 1〜 （フォーカスを指定したグループへ移動）
Move File To Group	Next （ファイルを次のグループに移動） Previous （ファイルを前のグループに移動） Group 1〜 （ファイルを指定したグループへ移動）
Syntax （シンタックスモードの指定）	→ P.90
Indentation	Indent Using Spaces （インデントにスペースを使用する） Tab Width: 1〜 （タブサイズの指定） Guess Settings From Buffer （インデントを自動設定） → P.78 Convert Indentation to Spaces （インデントをスペースに変換） Convert Indentation to Tabs （インデントをタブに変換）
Line Endings （改行コード）	
Word Wrap （行の折り返し）	
Word Wrap Column （折り返しの位置指定）	
Ruler （ルーラー）	
Spell Check （スペルチェック）	
Next Misspelling （次のミススペルへ移動）	
Prev Misspelling （前のミススペルへ移動）	
Dictionary （スペルチェックの辞書の指定）	

ヒント*17
「Show Menu / Hide Menu」はWindowsのみの機能です。

ヒント*18
「Groups」はバージョン3からの機能です。

Goto

Goto Anything	（リアルタイム検索・移動）
Goto Symbol	（シンボル検索・移動）
Goto Symbol in Project	（プロジェクト内のシンボル検索・移動）[19] → P.67
Goto Definition	（定義検索・移動）[19]
Goto Line	（行移動）
Jump Back	（編集位置を戻る）[19]
Jump Forward	（編集位置を進む）[19]

Switch File
- Next File　（次のファイル）
- Previous File　（前のファイル）
- Next File in Stack　（前に開いたファイル）
- Previous File in Stack　（後に開いたファイル）
- Switch Header/Implementation　（ヘッダファイル・実装ファイルの切り替え）[20]

Scroll
- Scroll to Selection　（カーソルを画面中央にスクロール）
- Line Up　（1行上にスクロール）
- Line Down　（1行下にスクロール）

Bookmarks
- Toggle Bookmark　（ブックマークの登録・解除）
- Next Bookmark　（次のブックマークに移動）
- Prev Bookmark　（前のブックマークに移動）
- Clear Bookmarks　（すべてのブックマークを解除）
- Select All Bookmarks　（すべてのブックマークにカーソル）

Jump to Matching Bracket　（マッチする括弧内を移動）

Tools

Command Palette	（コマンドパレット）　→ P.39
Snippets	（スニペット）　→ P.91
Build System	（ビルドシステムを選択）
Build	（ビルドを実行）　→ P.108
Cancel Build	（ビルドのキャンセル）

Build Results
- Show Build Results　（ビルド結果を表示）
- Next Result　（次の結果）
- Previous Result　（前の結果）

Save All on Build	（ビルド実行前に保存する）
Record Macro / Stop Recording Macro	（マクロの記録・停止）
Playback Macro	（マクロの再生）
Save Macro	（マクロの保存）
Macros	（マクロ一覧）
New Plugin	（新規プラグインの作成）　→ P.133
New Snippet	（新規スニペットの作成）　→ P.91

ヒント*19
「Goto Symbol in Project」「Goto Definition」「Jump Back」「Jump Forward」はバージョン3からの機能です。

ヒント*20
C言語などのヘッダと実装が分かれている言語で使用します。

Project

Open Project	（プロジェクトを開く）	→ P.81
Switch Project	（プロジェクトの切り替え）	
Quick Switch Project	（プロジェクトのクイック切り替え）	
Open Recent	（最近開いたプロジェクト）	
Save Project As	（プロジェクトの別名保存）	
Close Project	（プロジェクトを閉じる）	
Edit Project	（プロジェクトの設定）	→ P.82
New Workspace for Project	（新規ワークスペースを同一プロジェクトで作成）	
Save Workspace As	（ワークスペースの別名保存）	
Add Folder to Project	（プロジェクトにフォルダを追加）	
Remove all Folders from Project	（すべてのフォルダをプロジェクトから削除）	
Refresh Folders	（フォルダの再読み込み）	

Preferences [21] → P.28

Browse Packages	（[Packages] フォルダを開く）
Settings - Default	（デフォルト設定）
Settings - User	（ユーザー設定）
Settings - More	・Syntax Specific - User （特定の言語（拡張子）の設定） Distraction Free - User （集中モードの設定）
Key Bindings - Default	（デフォルトのキーバインディング設定）
Key Bindings - User	（ユーザー定義のキーバインディング設定）
Font （フォント）	・Larger （文字を拡大） Smaller （文字を縮小） Reset （文字サイズをリセット）
Color Scheme	（カラースキームを変更）

ヒント [21]

Mac では [Sublime Text] → [Preferences]。

1-5 Sublime Textの環境設定

Sublime Textは、インターフェイスやアプリケーションの挙動、ショートカットの変更・追加など、非常に細かく設定することができます。ここでは、Sublime Textをより自分に馴染ませるために必須となる、環境設定の方法を解説します。

環境設定と設定ファイル

環境設定はWindows版では[Preferences]メニューから、Mac版では[Sublime Text]メニューの[Preferences]から設定します。

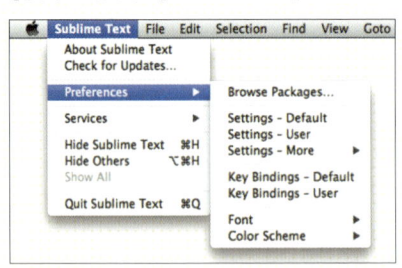

図14 Mac版の[Preferences]メニュー

[Preferences]メニューでは、以下の設定が行えます。それぞれの項目を選択すると設定ファイルが開かれます。

- Browse Packages ………… パッケージフォルダを開く
- Settings - Default ………… デフォルト環境設定
- Settings - User ………… ユーザー環境設定
- Settings - More ………… 詳細設定（言語別設定、集中モード設定）
- Key Bindings - Default …… デフォルトショートカットキー設定
- Key Bindings - User ……… ユーザーショートカットキー設定
- Font ………… フォントサイズ設定
- Color Scheme ………… カラースキーム設定

設定ファイルについて

　Sublime Textでは環境設定を、GUIのパネルからマウス操作で設定するのではなく、設定ファイルのテキストを編集することで設定します。

　テキスト編集での設定なので、最初は記法のルールなどで戸惑うかもしれませんが、慣れてしまうと非常にシンプルでわかりやすい設定方法です。また、テキストデータで設定を管理しているため、別マシンへの環境移行や、環境の共有などを簡単にできる利点もあります。

設定ファイルの記述ルール

　前述のとおり、設定ファイルはテキストデータで書かれています。JSON形式[22]で書かれており、次のようなルールで記述する必要があります。

- 一行コメントは//、ブロックコメントは/* */
- 連続で指定する場合は,(カンマ)で区切り指定する
- 値が複数ある場合は[ ](ブラケット)で囲い,(カンマ)区切りで指定する
- 配列の最後の値にカンマは書かない

　連想配列で指定しているので,(カンマ)で区切る必要がありますが、最後の値はカンマは不要です。また、値が複数ある場合は2次元配列にする必要があり、[ ](ブラケット)で囲って,(カンマ)で区切り指定します。この場合も最後の値はカンマは不要です[23]。

- **設定ファイルのルールセット**

　設定ファイルのルールセットの例を見てみましょう。以下はフォントサイズを設定する記述です。

```
{
    //"設定": "値"
    "font_size": 10
}
```

　設定名と値をセットで書き、設定名と値の間は:(コロン)で区切ります。値が「true」か「false」、または数字の場合はそのまま記述します。それ以外のワードで指定する場合は""(ダブルクォーテーション)で囲みましょう。

ヒント*22

JSON形式はJavaScriptの記法をベースにしたデータフォーマットです。主にWebサービスでデータを受け渡したり記録したりするために使われています。

ヒント*23

Sublime Text 3から最後にカンマがあってもエラーにならないようになりました。

複数の設定を書く場合は、,(カンマ)で区切って指定していきます。以下はカラースキームとフォントサイズを設定する記述です。

```
{
    "color_scheme": "Packages/Color Scheme - Default/Monokai.tmTheme",
    "font_size": 10
}
```

繰り返しますが、最後の行はカンマが不要になるのでそこだけ注意してください。この設定ファイルを保存すると即座に変更が反映されます。すぐに反映されない場合はSublime Textを再起動してみましょう。何か記述に問題がある場合は、保存するとエラーメッセージが表示されます 図15 。

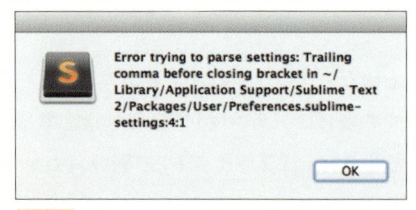

図15 記述ミスがある場合、保存すると即座にエラーメッセージが表示される

環境設定を変更する

それでは実際に環境設定を変更してみましょう。Sublime Textの環境設定を行うには、[Preferences]→[Setting - User]を選択します。ショートカットキーの command + , (Windowsでは不可)を押すか、もしくはコマンドパレット[*24]から開くこともできます 図16 。

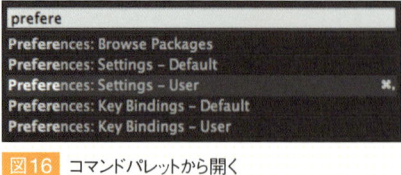

図16 コマンドパレットから開く

ヒント*24

コマンドパレットを表示するショートカットキーは command + shift + P (Windowsでは Ctrl + Shift + P)です。

選択して開かれる「Preferences.sublime-settings」ファイルがユーザー環境設定ファイルです。ここに設定を記述していきます 図17 。

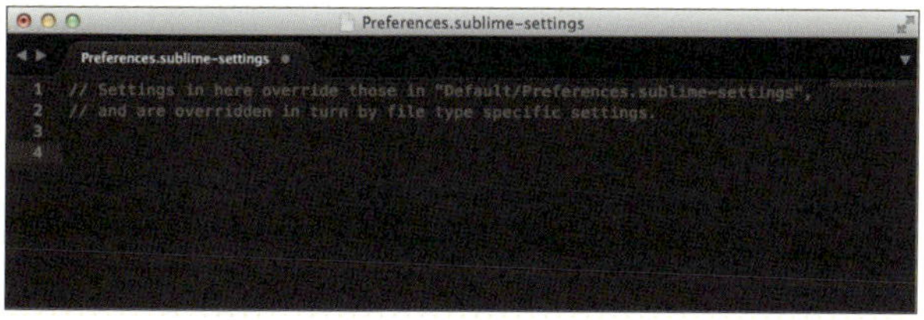

図17 ユーザー環境設定ファイル

ただ、最初はコメントしか書かれていないので、何を記述したらいいかわからないと思います。[Preferences] → [Setting] → [Default] を選択すると、デフォルトの環境設定ファイル *25 を開くことができます 図18 。

> **ヒント*25**
>
> 環境設定の項目一覧は付録で紹介しています。
>
> 詳しくは → P.242

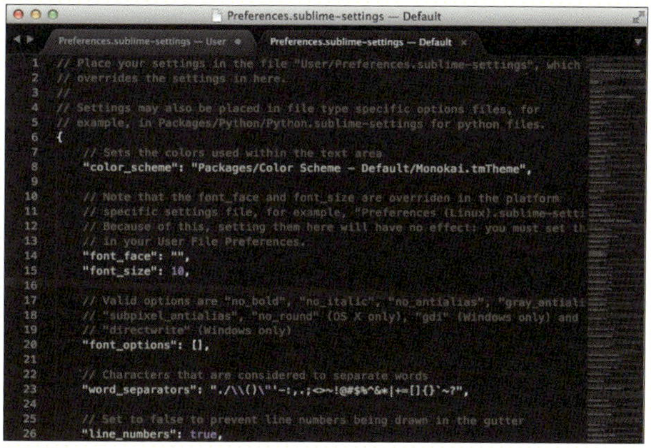

図18 デフォルト環境設定ファイル

ここから目的の設定を探し、ユーザー環境設定ファイルにコピー＆ペーストして設定を上書きしましょう。デフォルト環境設定ファイルはアップデートなどで初期化される可能性があるので、直接書き換えないほうがいいでしょう *26 。ユーザー環境設定は、デフォルト環境設定よりも優先されます。

まずは、フォントサイズとカラースキームを変更して、設定方法を覚えましょう。

> **ヒント*26**
>
> Sublime Text 3 からはデフォルト設定ファイルはロックされています。

フォントサイズを変更する

環境設定は基本的にテキストベースで環境設定ファイルに記述していきますが、例外があります。それがフォントサイズとカラースキームの指定です。これらはメニューから選択して変更することができます。

フォントサイズを大きくしてみましょう。メニューから［Preferences］→
［Font］→［Larger］を選択します 図19 。

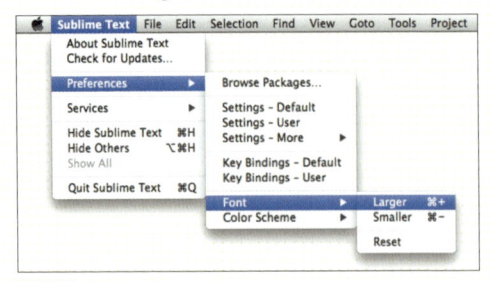

図19　メニュー操作でフォントサイズを調整

フォントサイズは即座に反映されます。ユーザー環境設定ファイルを開いてみ
ましょう。フォントサイズの設定ルールが追記されています 図20 。

図20　フォントサイズが記述されている

さらにメニュー操作で拡大／縮小すれば、環境設定ファイルの数値がリアルタ
イムで変わっていきます。もちろん環境設定ファイル側に直接数値を入力しても、
サイズを変更することができます。

カラースキームを変更する

続いて、カラースキームを変更してみましょう。カラースキームとは背景色や
文字色などの色設定がまとめられたものです。Sublime Textの初期設定は黒背
景ですが、黒い画面が苦手という人は自分にあったカラースキームに切り替える
ことをおすすめします。

カラースキームは［Preferences］→［Color Scheme］から選択できます。

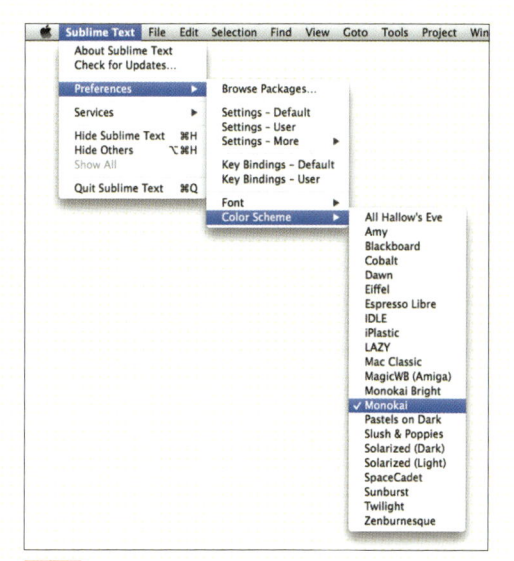

図21 ［Preferences］からカラースキームを選択

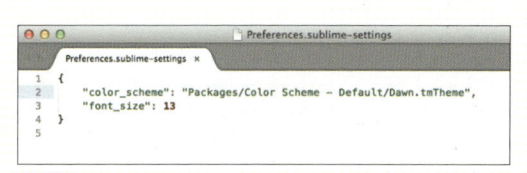

図21 カラースキーム「Dawn」を選択した例

　環境設定ファイルを開いてみると、カラースキームの設定が追記されていることがわかります。デフォルトに戻したい場合はメニューから「Monokai」を選択するか、もしくは環境設定ファイルからcolor_schemeの行を削除してファイルを保存します。

そのほかの環境設定を変更する

　フォントとカラースキーム以外の設定は、デフォルト環境設定ファイルからコピーして、設定を上書きしましょう。例として、フォントを変えてみます。
　フォントは、font_faceにフォント名を記述することで変更できます。デフォルト環境設定ファイルの14行目あたりに書かれているので、行ごとコピーしましょう。

```
"font_face": "",
```

コピーしたら、ユーザー環境設定ファイルの最後の行に設定を追加してみましょう図22。

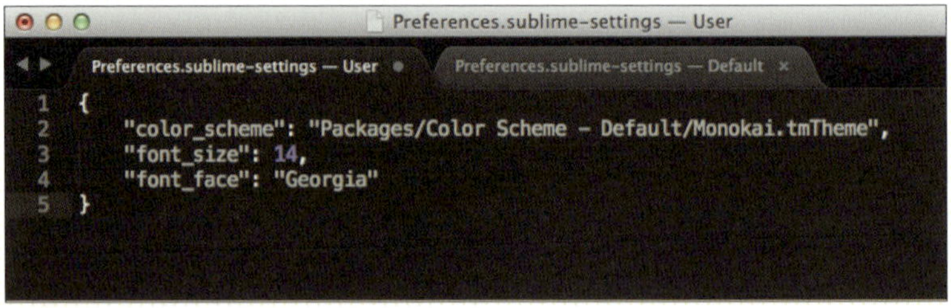

図22 font_faceにGeorgiaを指定

例ですので、わかりやすくセリフ体の「Georgia」を指定してみます。しつこいようですが,（カンマ）に注意しましょう。問題なさそうであれば保存します。保存すると、フォントが「Georgia」になりました図23。

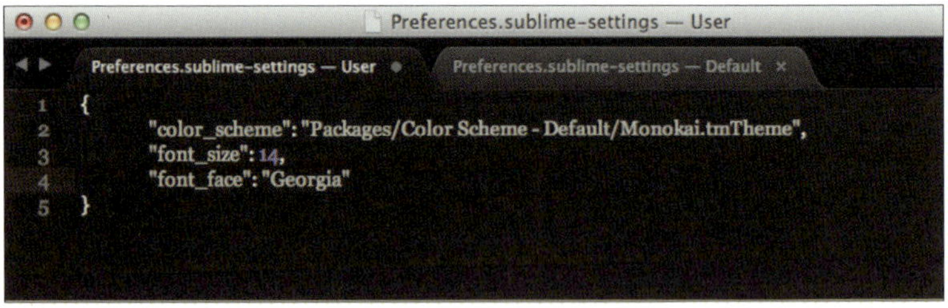

図23 フォントがGeorgiaになったのがわかる

Sublime Textはコード編集に使うことが多いですから、見た目だけでフォントを選ばずに、Adobeの「Source Code Pro」[*27]などのコーディングに使いやすいものを使うことをおすすめします。

このように、環境設定はデフォルト環境設定ファイルからユーザー環境設定ファイルに、設定を上書きして指定することが基本となります。

> **ヒント*27**
> Source Code ProはSourceForge（http://sourceforge.net/projects/sourcecodepro.adobe/files/）で無料公開されています。

言語ごとに環境設定を行う

同じコードでも、HTMLやCSSのコードを編集するときと、JavaScriptやPythonを編集するときでは、使いやすい設定が異なるかもしれません。Sublime Textでは言語（シンタックス）ごとに環境設定を行うことができます。

該当の言語のファイルを開いている状態で、[Preferences]メニューから[Setting - More]→[Syntax Specific - User]を選択すると、言語ごとの設定ファイル「拡張子.sublime-settings」ファイルが作成されます図24。

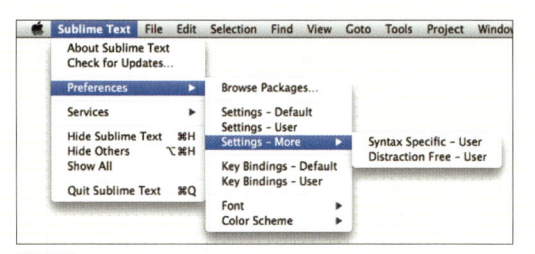

図24 言語ごとの設定ファイルを作成する

後はそのファイルを編集して、その言語に合わせた設定を記述して保存します。これについては2-2で詳しく解説しているので参照してください[*28]。

集中モードの設定を変更する

カラムだけを全画面表示する集中モード[*29]の設定も変更することができます。[Preferences]メニューから[Setting - More]→[Distraction Free - User]を選択すると、集中モードの設定ファイル「Distraction Free.sublime-settings」ファイルが開きます。集中モードのデフォルト設定は以下となっています。

```
{
    "line_numbers": false,  //行番号の表示
    "gutter": false,        // コードの左側のスペース
    "draw_centered": true,  //中央寄せ
    "wrap_width": 80,       //横幅
    "word_wrap": true,      //行の折り返し
    "scroll_past_end": true //最終行からのスクロール
}
```

必要な設定を「Distraction Free.sublime-settings」ファイルに上書きしましょう。

ショートカットキーを変更する

ショートカットキー（キーバインド）の変更や追加もPreferencesメニューから行います。[Preferences]メニューから[Key Bindings - User]を選択するか、もしくはコマンドパレットから開くこともできます **図25**。

ヒント*28
コーディングルールの対応について。
詳しくは → P.70

ヒント*29
集中モードについて。
詳しくは → P.21

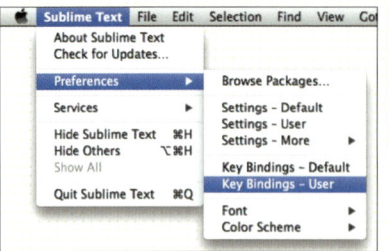

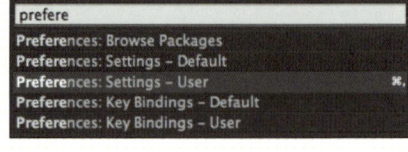

図25 メニューまたはコマンドパレットから設定を開く

「Default (OS名).sublime-keymap」ファイルが開きます。OSによってショートカットキーが異なるので、OSごとに別ファイルで管理されています。

- (Mac)「Default (OSX).sublime-keymap」ファイル
- (Windows)「Default (Windows).sublime-keymap」ファイル

ショートカットキーを変更する場合は、環境設定と同様にデフォルト設定からショートカットキー設定をコピーして、ユーザー設定で設定を上書きしましょう。デフォルトのショートカットキー設定ファイルは [Preferences] → [Key Bindings - Default] を選択するか、もしくはコマンドパレットから開くこともできます。

ショートカット設定は以下のように指定します。

```
[
    //{ "keys": ["ショートカット"], "command": "コマンド名" },
    { "keys": ["super+shift+n"], "command": "new_window" }
]
```

> ヒント*30
> super は Mac の command のことを指しています。

上記の例では「command + shift + N」[*30]を押すと、new_windowコマンドを実行する。」と設定されています。コマンド名から「新規ウィンドウ」とわかりますね。
"keys"の値の"ショートカット"の内容を書き換えればショートカットキーが変更できます。

「新規ウィンドウ」のショートカットキーを変更してみましょう。ユーザーショートカット設定ファイルに、デフォルトから「新規ウィンドウ」の1行をコピーします。そして、"ショートカット"を変更してみましょう。

```
[
    //新規ウィンドウのショートカットを変更した例
    { "keys": ["ctrl+alt+f2"], "command": "new_window" }
]
```

例なので、極端ですが control + alt + F2 [*31] に割り当ててみました。設定ファイルを保存すると割り当てが反映され、control + alt + F2 で新規ウィンドウが開けるようになります。

なお、ユーザー設定を変更しても、デフォルトの command + shift + N を押して新規ウィンドウを開くことができます。デフォルト設定とユーザー設定で、ショートカットキーがバッティングした場合のみ、ユーザー設定が優先されます。

コマンド名は、あらかじめ決まっているので公式ドキュメントなどで確認しましょう 図26 。

> ヒント*31
> Macでは alt と option は同じキーです。

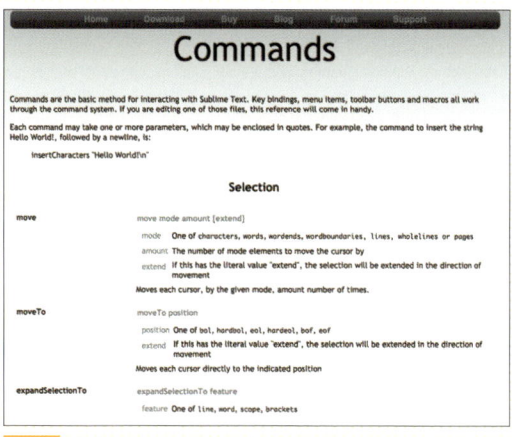

図26 公式ドキュメントコマンド名一覧
（http://www.sublimetext.com/docs/commands）

OSやIME、インストールしたパッケージなどによりショートカットキーが衝突することがあります。意図した挙動にならない場合には、ここで解説した方法でSublime Textのショートカットキーをカスタマイズするか、OS側のショートカットキーを無効化しましょう。

CHAPTER 1

①-6 パッケージのインストール

Sublime Textは、パッケージと呼ばれる拡張をインストールすることで、より便利に、より自分の手に馴染むエディタになっていきます。そのパッケージの管理をしやすくするためのパッケージがPackage Controlです。パッケージの詳細については第3章以降で解説するので、ここではPackage Controlの使い方を中心に解説します。

Package Control をインストールする

　Package Controlのインストール方法にはSimpleとManualの2つがありますが、特別な理由がない限りはSimpleでいいでしょう。Simpleではサイトに掲載されたコードをコピー&ペーストしますが、使用しているSublime Textのバージョンによって利用するコードが異なるので、必ず使用するバージョンのものを用いてインストールしましょう。また、公式サイトに書かれている最新のコードを利用してください 図27 。

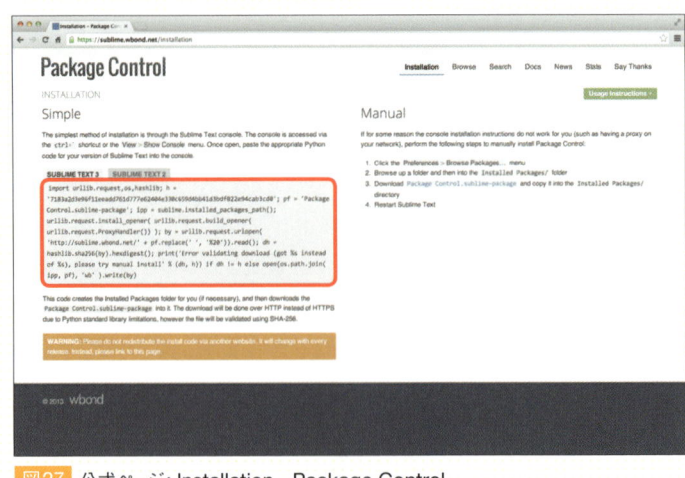

図27　公式ページ: Installation - Package Control
　　　（https://sublime.wbond.net/installation）
　　　赤で囲んだ部分のコードをコンソールに貼り付ける

Sublime Textを導入しよう

38

インストール方法「Simple」

❶ インストールしたバージョンのコードを公式サイトからコピーする
❷ メニューから［View］→［Show Console］を選択するか、control ＋ ` （Windowsでは Ctrl ＋ ` ）を押してコンソールを起動する
❸ コンソールの入力欄にコードを貼り付けて Enter を押す 図28

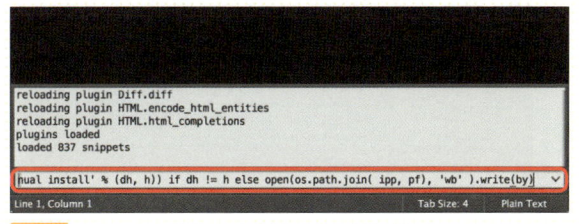

図28 コンソールを表示して入力欄にコードを貼り付ける

　Enter を押して、少し待つとコンソールに「plugins loaded……」などのメッセージが表示され、Package Control が使えるようになります。うまくいかない場合は Sublime Text を再起動してみてください。

インストール方法「Manual」

❶ メニューから［Preferences］→［Browse Packages］を選択してパッケージフォルダを開く
❷ Installed Packages に、公式サイトからダウンロードした Package Control.sublime-package を入れる
❸ Sublime Text を再起動する

　こちらの方法では Sublime Text の再起動が必要な点に注意してください。

パッケージをインストールする

　Package Control をインストールすると、パッケージのインストールは、コマンドパレットと呼ばれる画面からできるようになります 図29 。
　まずは command ＋ shift ＋ P （Windows では Ctrl ＋ Shift ＋ P ）を押すと、コマンドパレットが表示されます。

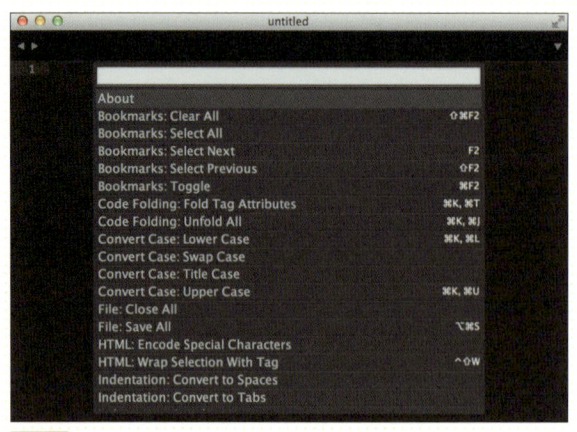

図29 Package Controlインストール後のコマンドパレット

この画面が表示できたら「install」と入力してみましょう。徐々に候補が絞られてきて、「Package Control: Install Package」という項目が表示されたかと思います 図30 。

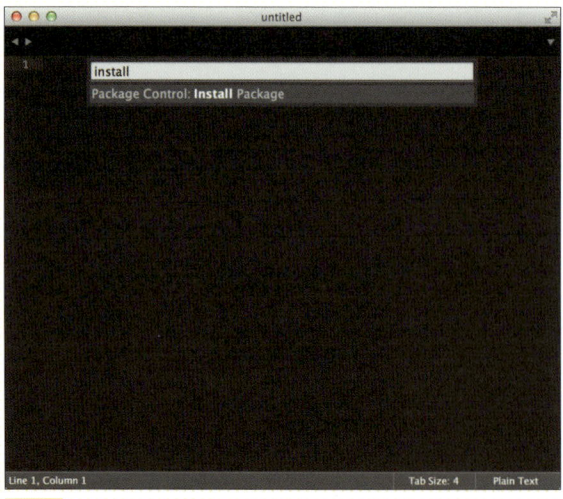

図30 Install Package

「Package Control: Install Package」にフォーカスされた状態で Enter を押すと、ステータスバーの左側で通信している様子が見られます。
通信が終わるとコマンドパレットにパッケージ一覧が表示されます。ここに表示されるのは、Package Controlのデータベースに登録されているパッケージです 図31 。

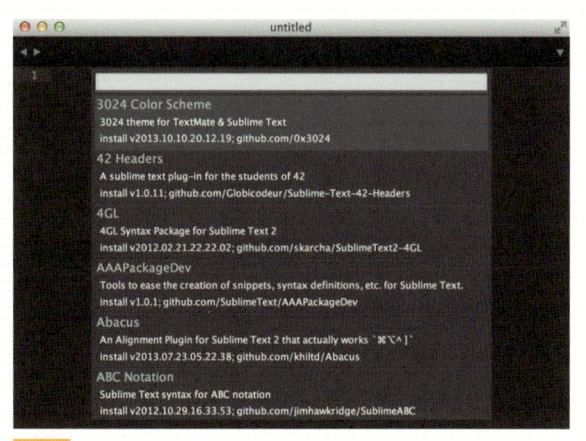

図31　パッケージリスト

「Package Control: Install Package」を選択したときと同じように、思いつく名称を入力してみましょう。普段HTMLコーダーとして作業されている方は「HTML5」や「Emmet」などでしょうか。具体的なパッケージ例については、この後の章で詳しく書かれているので、先にそちらを参照してもいいでしょう。

例として、Emmet[*32]をインストールする過程を解説します。

コマンドパレットを表示し、Package Control: Install Packageを選択し、入力欄に「emmet」と入力します。

> **ヒント*32**
>
> Emmetについて。
> 詳しくは → P.189

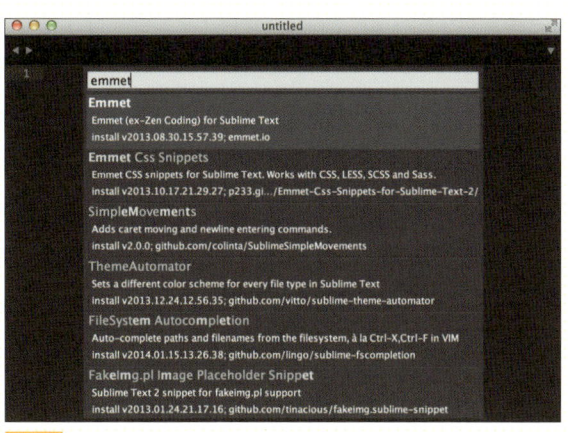

図32　Install PackageからEmmetを検索したところ

徐々に候補が絞られていくので、[↑][↓]などを使い、Emmetが選択された状態にして[Enter]を押すとインストールが始まります。

Package Controlのインストール時と同じように、ステータスバーの左下にサーバと通信している様子が見られます。この通信が終わり、表示されたメッセージに従いSublime Textを再起動するとEmmetパッケージのインストール完了

1-6　パッケージのインストール

です 図33 。

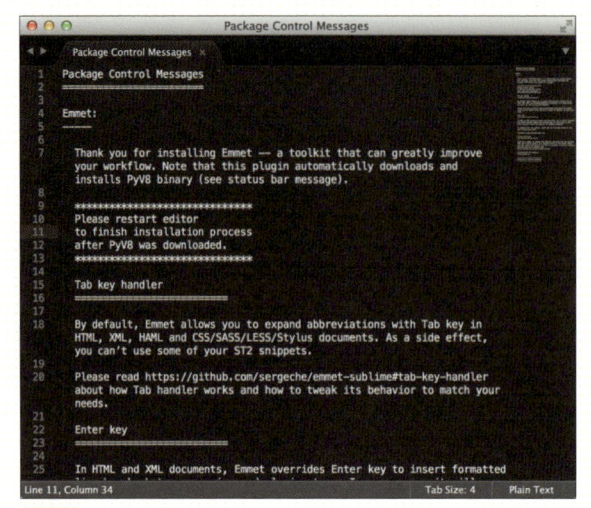

図33 パッケージインストール後に表示されるメッセージ

このようにパッケージによっては、インストールおよびアンインストール時にSublime Textの再起動が必要な場合もあるので、完了後のメッセージを見落とさないようにしましょう。パッケージをインストールおよびアンインストールするごとにSublime Textを再起動するようにするようにしてしまえば、どちらの場合でも対応できるので、そのように癖を付けてしまってもいいと思います。

また、パッケージによってはインストール後にカスタマイズ方法などの紹介文が表示されることもあります。後からその内容を参照したい場合には、パッケージの公式ページから最新の情報を得るようにしましょう。

Package Controlでよく使う機能

まずはパッケージのインストール方法を紹介しましたが、Package Controlにはほかにも覚えておきたい機能があります。Package Controlのコマンドはすべて Package Control: から始まるので、コマンドパレットから「Package Cont……」と入力していくと一覧表示できます。Sublime Textをカスタマイズする場合などによく使う機能なので、覚えておきましょう。なお、以下のコマンド一覧では「Package Control:」の部分は省略しています。

- **Disable Package**

  パッケージを一時的に無効化するコマンドです。パッケージ自体は削除されないので、次に紹介するEnable Packageコマンドで再度有効化できます。また、パッケージに必要なPythonスクリプトや.sublime-keymapファイルなどが読み込めなかった場合にも無効になります。無効化されたパッケージは、ステータスバーのメニューから、[Preferences]→[Settings -User]で表示される環境設定ファイル内のignored_packagesという項目内に追加されます。

- **Enable Package**

  無効にされたパッケージを再度有効化するコマンドです。Disable Packageで無効化されたパッケージやデフォルトで無効になっているVintageを有効化する際に使います。

- **Remove Package**

  パッケージをアンインストールしたい場合に使うコマンドです。Disable Packageと違い、使用しているマシンからパッケージが削除されるので、再度使用したい場合には、パッケージをインストールする必要があります。

- **List Packages**

  インストールしたパッケージの一覧を見るためのコマンドです。一覧には無効化されたパッケージも含まれ、各パッケージの簡単な説明文とバージョンが表示されます。

- **Install Packages**

  すでに紹介済みの、パッケージをインストールするコマンドです。デフォルトではPackage Controlのデータベースに登録されていて、使用しているバージョンのSublime Textでインストール可能なパッケージのみがリストアップされます。

これらのコマンドは部分一致のものをリストアップしてくれるので、パッケージ一覧を見たい場合、コマンドパレットで「list」と入力すると、候補に「Package Control: List Packages」が表示されます。

Package Controlのそのほかの基本コマンド

以下は必須ではありませんが、覚えておくといざというときに役立つコマンドです。そのほかに独自のリポジトリ[*33]を追加するコマンドや手動でのパッケージアップデートコマンドなどがありますが、こちらについては第3章にて解説します。

> ヒント[*33]
> リポジトリとは簡単にいえばプログラムなどの保管場所のことです。
> 詳しくは → P.124

- **Add Repository**
Package Controlのデータベースに登録されていないリポジトリを追加するコマンドです。GitHubやBitBucketで公開されているパッケージをインストールおよび自動アップデートができるようになります。このコマンドを実行すると、ステータスバーの上にGitHub or BitBucket Web URL, or Custom JSON Repository URLと書かれているので、隣にある入力欄に追加したいパッケージのURLを貼り付けて Enter を押すと、パッケージがインストールされます。GitHubの場合は.gitを除いたURL、BitBucketの場合はhttps://bitbucket.org/username/repositoryという形式のURLを使用します。

- **Upgrade Package**
アップグレード可能なパッケージリストを表示するコマンドです。表示されたリストからパッケージを選択し、アップグレードできます。Sublime Textは起動時に自動的にアップグレードするので、定期的にアプリケーションを再起動している場合にはこのコマンドを実行する必要はありません。Sublime Textをめったに再起動しない方は、このコマンドでアップグレード情報を確認するといいでしょう。

- **Upgrade/Overwrite All Packages**
Package Control以外からインストールしたパッケージを含む全パッケージをアップグレードします。パッケージの内容を改変している場合には、このコマンドは使わないほうがいいでしょう。

- **Package Control Settings – Default**
デフォルト設定ファイルを開くためのコマンドです。こちらの設定は、Package Controlのアップグレード時に上書きされてしまいます。ユーザー設定をする際のリファレンスとして使用しましょう。また、Sublime Text 3では、通常の方法では設定が上書きできないようになっています。

- **Package Control Settings – User**
Package Controlのユーザー設定ファイルを開くためのコマンドです。カスタマイズ設定は、こちらのファイルに書いていきます。この設定は、Package Controlがアップグレードした場合にも上書きされません。

- **Add Channel**
  デフォルトでは、Package Controlのデータベースに登録されているパッケージのみが表示されますが、それ以外のリポジトリリストを追加したい場合にこちらのコマンドを使用します。

- **Discover Packages**
  パッケージ検索のコマンドです。こちらのコマンドはPackage Controlの検索ページから検索するためのコマンドなので、ブラウザが起動します。タグなどから検索することもできるので、思いつく単語でいろいろと検索してみましょう。検索結果から各パッケージの詳細やカスタマイズ方法の確認、公式ページへの移動が可能です。

Sublime Textは起動時にPackage Controlがパッケージのアップデートを確認し、アップデートを実行してくれます。アップデートの確認と実行は、Add RepositoryやAdd Channelでユーザーが追加したものに対しても有効になります。この設定は、Package Controlのユーザー設定ファイルに"auto_upgrade": falseと追記することでオフにできますが、基本的にはこの機能をオフにする必要はないでしょう。

自動でアップデートされたパッケージの1つ前のバージョンは、パッケージディレクトリの1階層上にあるBackupにアップデートごとに保存されています。何か不具合が起きた場合にはすぐに戻せるメリットもありますが、無限にバックアップを取り続けるので、2つ前のバックアップなど不要なバックアップは定期的に削除するようにしましょう。

そのほかに、Create Package FileやCreate Binary Package Fileというパッケージの開発用のコマンドがありますが、基本的なコマンドからは外れるため割愛します。パッケージの開発についても第3章で簡単に紹介しているので、自分好みのパッケージ作成に挑戦してみたい方はそちらを参考してみてください[34]。

> **ヒント*34**
> パッケージの種類や管理方法、開発については第3章でも解説しています。
> 詳しくは ➡ P.116

1-7 日本語環境の設定

Sublime Textはとても優秀なエディタですが、日本語をはじめとするマルチバイト文字への対応が十分ではありません。デフォルトで対応していないShift_JISなどの文字コードを使いたい場合には、この項目の設定をしておきましょう。

Shift_JIS のサポート

ConvertToUTF8

　数が減ってきているとはいえ、まだテキストの文字コードをShift_JISで作成することもあるかと思います。残念ながらSublime TextはShift_JISに対応していません。

　ConvertToUTF8は、Sublime Textが対応していない文字コードのファイルを一時的にUTF-8に変換し、保存時に元の文字コードに戻してくれるパッケージです。Shift_JIS以外にもアラビア語や中国語などのPython標準エンコーディングで規定されているものに対応できるようになります。

Codec33 for ST3

　MacおよびLinux環境のSublime Text 3では、ConvertToUTF8をインストールするだけではShift_JISを使うことができません。使用しているSublime Textがバージョン3の場合、Codecs33というパッケージをインストールする必要があります。

　ConvertToUTF8とCodecs33のインストールは、Package Control: Install Packageから行えます。

Windows版固有の設定

　Windows版のSublime Textはインライン変換に対応していません 図34 。これでは入力しにくいので、変換候補の位置を補正するためには、IMESupportというパッケージをインストールします。

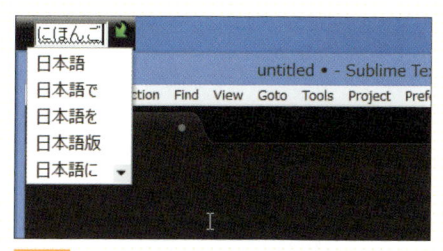

図34　入力中の文字が外部に表示される状態

　IMESupportのインストールは、Package Controlから行えます。Sublime Text 2では、インストール後に再起動してください 図35 。

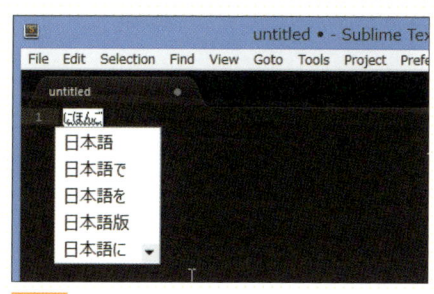

図35　インライン変換に対応した

　こちらのパッケージは、インライン変換での不具合をある程度補正してくれるというもので、本書の執筆時点で入力位置の修正は完璧ではありません。

IMESupportの既知の不具合

- **連続入力時の不具合**
IME ONの状態で連続入力する場合、変換確定後の次の1文字が、前の入力開始位置に表示されます。2文字以上入力すると正しい位置になります。
- **新しいViewで表示した場合の不具合**
[File]メニューから[New View into File]を選択して、現在開いているファイルを新しいViewで表示した場合、最初のView以外では正しく動作しないことがあります。

正しく動作していない場合は、作者のchikatoike氏に報告して対応していただくのを待ってみましょう。ほかのパッケージでも同様ですが、報告の際にはスクリーンショットを撮るなどして、できるだけ具体的な症状を伝えるようにしたほうが、パッケージ作者は対応しやすいでしょう。

IMESupport の制限事項

検索文字列の入力やGoto Anythingなど、メインエリア以外への入力には対応していないため、これらに入力フォーカスがある場合、強制的に画面左上に表示されてしまいます。

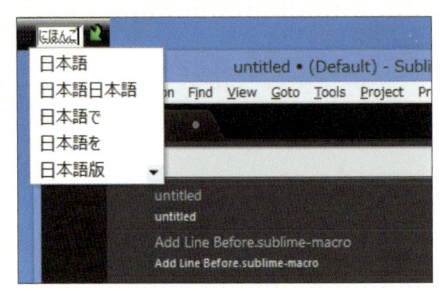

図36　Goto Anythingでインライン変換ができない状態

また、画面を垂直に分割している場合、左側に1つもタブ（View）が表示されていないと、右側のViewでは正しい位置に表示されません。同様に、水平分割している場合に上側にViewがない場合は下側で正しい位置に表示されません。

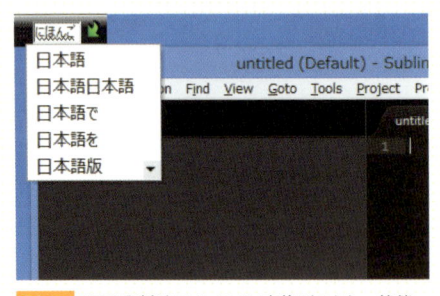

図37　画面分割時にインライン変換ができない状態

メニューの日本語化について

Sublime Textの導入に積極的になれない理由として挙げられるものの1つに、メニューがすべて英語ということがあるようです。

メニューを日本語化するためには、パッケージを使う方法とファイルを差し替える方法がありますが、導入するパッケージなどに依存するため、どちらの方法でも完全に日本語化することはできません。また、アップデートなどで上書きされる可能性があります。以下に日本語化の方法を挙げますが、本書ではSublime Textのメニューは日本語化せず、英語表記のまま解説しています。

Japanizeでメニューを日本語化する

　日本語化に利用できるパッケージはいくつかありますが、今回はJapanizeを紹介します。こちらは、差し替えのファイルをパッケージとして利用できるようにしたものです。どちらの方法でも日本語化される内容は同じなので、Japanizeのほうが管理が容易です。

❶ **Package Controlから「Japanize」を検索してインストールする**
❷ **インストール後に表示される指示に従い設定ファイルを移動する**
　・Packages内にDefaultフォルダを作成し、Context.sublime-menu.jpのような.jpが付くファイルをすべて移動して.jpを削除する
　・Packages内のUserにMain.sublime-menuを移動する

　指示に沿ってファイルを移動するとメニューの大半が日本語化されます。DefautやUserにオリジナルファイルがある場合には、別の場所に保存しておきましょう。

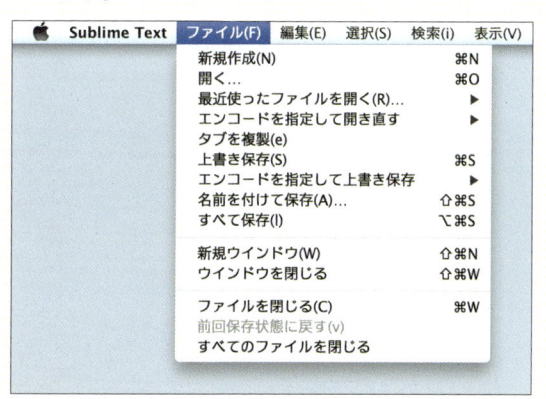

図38　日本語化された状態

1-8 テーマの変更

デフォルトの状態ではほかのエディタに比べて地味な印象のあるSublime Textのインターフェイスですが、テーマをインストールすることでインターフェイスの変更が可能です。

テーマをインストールする

　テーマのインストールは、パッケージと同じようにPackage Controlから行えます。テーマとカラースキーム[*35]の組み合わせでより自分好みの外観に変更することができます。今回は、Sublime Textのテーマで最も有名なSodaをインストールしてみます。

❶ Package ContorlのInstall Packageから「Soda」を検索して Enter を押す
図39

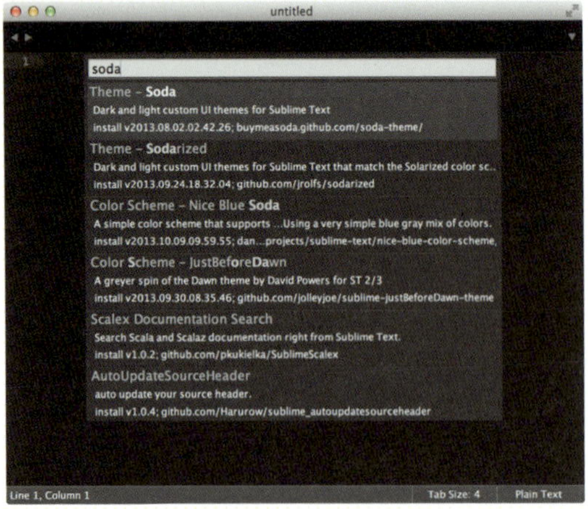

> ヒント*35
> カラースキームについて。
> 詳しくは ➡ P.32

図39 Sodaの検索結果

❷ [Preferences]メニューから[Settings - User]を選択し、以下を追記して保存する図40
- （Sublime Text 2の場合）"theme": "Soda Light.sublime-theme"
- （Sublime Text 3の場合）"theme": "Soda Light 3.sublime-theme"

図40 設定行の末尾に「,」を足して設定を追記

❸ 設定ファイルを保存するとテーマが反映される図41

図41 タブやステータスバーが変化した

　SodaにはLightとDarkという2つのデザインがあります。今回はLightを指定しましたが、設定のLightの部分をDarkとすると配色が変わります図42。

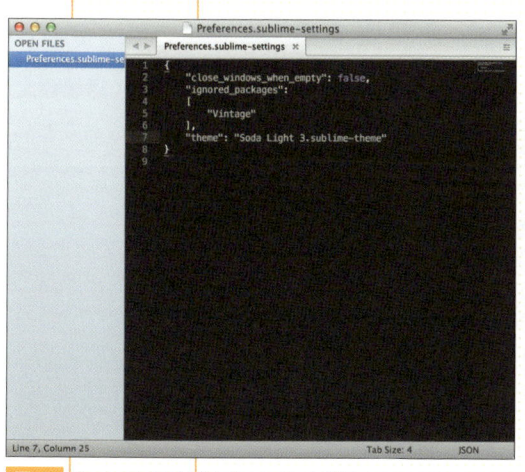

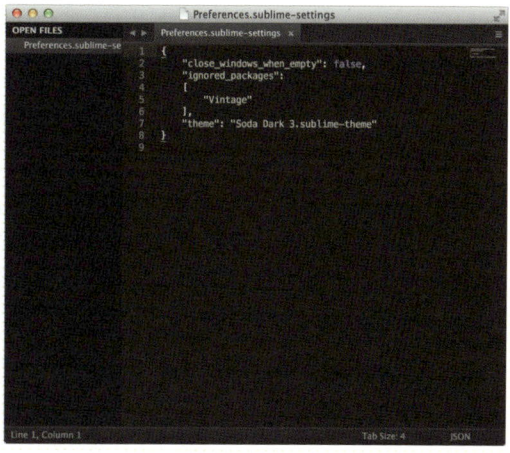

図42 Soda Light（左）とSoda Dark（右）

Sodaを利用した外観のカスタマイズ

Sodaでは、タブの角を丸くしたり、サイドバーのアイコンを矢印からフォルダに変更したりすることができます。

タブの角を丸くする

メニューから[Preferences]→[Settings - User]を選択して環境設定ファイルを開き、以下を追記して保存すると、タブの形が変わります 図43 。

```
"soda_classic_tabs": true
```

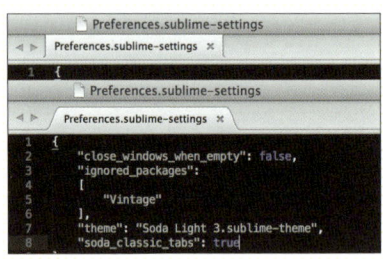

図43 false（上）とtrue（下）

サイドバーのアイコンを変更する

メニューから[Preferences]→[Settings - User]を選択して環境設定ファイルを開き、以下を追記して保存すると、サイドバーのアイコンが変わります 図44 。

```
"soda_folder_icons": true
```

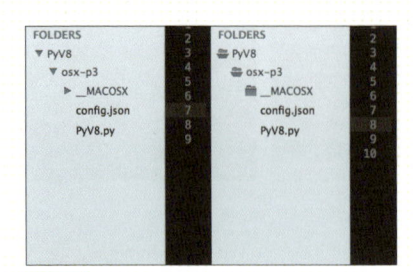

図44 false（左）とtrue（右）

Sodaに限らず、テーマにはオプションが設定できることが多いでの、テーマを選ぶときには公式ページなどを参照し、設定可能な項目を探してみましょう。また、Package Controlからだけではテーマが適用された状態はわからないので、Package Control公式ページの検索ページなどからテーマの詳細を確認し、適用した状態を見てみるといいでしょう。

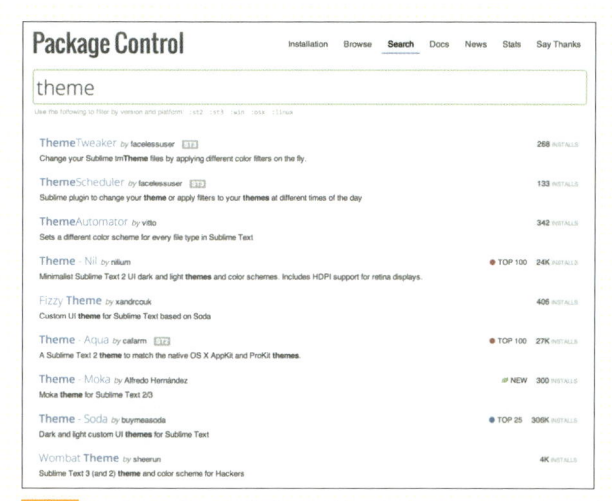

図45　Package Control公式ページ（https://sublime.wbond.net/）で「theme」を検索

アイコンの変更

　Flatlandなど、テーマによってはSublime Textのアイコンが同梱されているものがあります 図46 。アイコンはパッケージコントロールからは変更できませんが、Macであれば、アイコンのファイルを上書きすることで変更できます。

- **Sublime Text 2**

　/Applications/Sublime Text 2.app/Contents/Resources/Sublime Text 2.icns
- **Sublime Text 3**

　/Applications/Sublime Text.app/Contents/Resources/Sublime Text.icns

図46 Flatlandのパッケージフォルダを開くとアイコンが入っている（Mac用）

上書きして再起動をするとアイコンが変更されます 図47 。

図47 image

　Googleなどの検索エンジンで「Sublime Text アイコン」などと検索すれば、Sublime Text用のアイコン素材を配布しているサイトがたくさん見つかります。
　Windowsの場合、Macのようにアイコンファイルの直接の上書きでは変更できませんが、画像をicon形式のファイルに変換し、IconChangerのようなexeファイルのアイコンを変えるソフトを使えば変更できます 図48 。

図48 IconChanger（http://aboon.s33.xrea.com/index.php?page=soft_iconchanger）

第2章 覚えておきたい標準機能

Sublime Textはパッケージを使わなくても、一般的なテキストや各種ソースコードの編集に役立つ多くの機能をもっています。第2章ではSublime Textが標準でもっている機能を中心に、基本的な編集機能から、独自のコーディングルールへの対応といった、より実践的なテクニックまで幅広く紹介していきます。

2-1	基本的な編集機能	56
2-2	コーディングルールに対応する	70
2-3	プロジェクトの活用	81
2-4	コード入力に役立つ機能	89
2-5	HTML / CSSに役立つ機能	103
2-6	プログラミングに役立つ機能	106

2-1 基本的な編集機能

拡張性の高さが売りのSublime Textですが、標準で搭載されているものだけでも非常に多くの便利な機能があります。ここではほかのエディタと共通する機能、テキスト編集全般に役立つ標準機能を紹介します。実際に操作しながら読み進めれば、その便利さを実感してもらえるでしょう。

ほかのエディタと共通する機能は同じように使える

「新規ファイルの作成」や「ファイルの保存」などのたいていのエディタにもある機能は、Sublime Textでも変わりありません。ショートカットキーも一般的なものに沿って割り当てられています。このあたりは新たに学び直す必要もなく、すぐに使いこなせるでしょう。

表1　一般的なエディタと共通の機能

機能	メニュー	ショートカットキー(Mac)	ショートカットキー(Windows)
新規ファイルの作成	[File] → [New File]	command + N	Ctrl + N
ファイルを開く	[File] → [Open]	command + O	Ctrl + O
最近開いたファイルを開く	[File] → [Open Recent]	—	—
ファイルの保存	[File] → [Save]	command + S	Ctrl + S
別名で保存	[File] → [Save As]	command + shift + S	Ctrl + Shift + S
すべて保存	[File] → [Save All]	command + option + S	—
閉じる	[File] → [Close File]	command + W	Ctrl + W
新規ウィンドウ	[File] → [New Window]	command + shift + N	Ctrl + Shift + N
ウィンドウを閉じる	[File] → [Close Window]	command + shift + W	Ctrl + Shift + W
コピー	[Edit] → [Copy]	command + C	Ctrl + C
ペースト	[Edit] → [Paste]	command + V	Ctrl + V
カット	[Edit] → [Cut]	command + X	Ctrl + X
Undo(取り消し)	[Edit] → [Undo]	command + Z	Ctrl + Z
Redo(やり直し)	[Edit] → [Redo]	command + Y もしくは command + shift + Z	Ctrl + Y もしくは Ctrl + Shift + Z

同じ文字列をまとめて選択して編集する

それではSublime Textの便利な編集機能を紹介していきましょう。まずは「選択範囲の拡張」からです。

選択範囲を拡張する（Expand Selection to Word）

この機能は選択文字列と同一の文字列をファイル内から探し、その文字列も選択します。具体的な例を見ていきましょう。

例えば、以下のようなソースコードがあったとします 図1 。

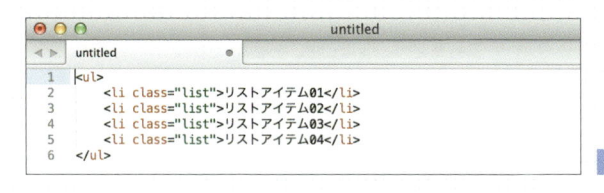

図1　初期状態

最初の「list」にキャレット[*1]を合わせ、command＋D（WindowsはCtrl＋D）を押します[*2]。すると、最初の「list」が選択され、再度command＋Dを押すと2番目の「list」が選択されます。これを繰り返すと、以下のように「list」が4つ選択された状態になります 図2 。この状態で編集すると、4カ所が同時に変更できます 図3 。

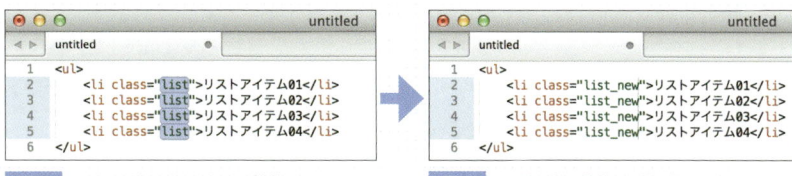

図2　キャレットが4つになった状態

図3　4つ同時に編集した状態

このようにSublime Textは、キャレットを増やすことで複数箇所の同時編集ができるようになります。複数箇所の同時編集を解除したいときはescを押します。

ここではソースコードを例に挙げましたが、もちろん日本語の文字列でも使えますし、文章中の表記をまとめて修正するといった用途でも威力を発揮します。検索／置換でも同様のことはできますが、こちらはメインエリア内で直感的に修正できるので、思考をとぎれさせることなく作業を進められます。

ヒント*1

キャレットは文字の挿入位置を表すマークのことで、カーソルともいいます。

ヒント*2

[Selection]メニュー→[Expand Selection to Word]を選択しても実行できますが、よく使うのでショートカットキーで覚えておきましょう。

選択をスキップする

この機能をさらに活用してみましょう。サンプルコードの奇数番目の「<li>」にのみ「odd」というclassを追加したい場合、command+Dを押して2番目の「list」が選択された後、すぐにcommand+Kとcommand+D（WindowsではCtrl+KとCtrl+D）を順に押してみましょう。こうすることで選択範囲の拡張中に選択を1つスキップすることができます。そのため、2番目のlistは選択されず、1番目と3番目が選択された状態になります[*3]。

奇数番目が選択された状態でclassを追加すると以下のようになります。

> ヒント*3
> 現在選択されている文字列の数は、ステータスバーの左側に「x selection regions」と表示されます。
> 詳しくは ➡ P.60

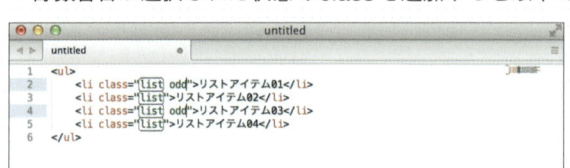

図4　奇数番目の<li>にclassを追加した状態

選択範囲を取り消す

必要以上に選択してしまった場合、次に紹介する選択範囲の取り消しを利用しましょう。

- **選択範囲の取り消し（Undo Selection）**

（Mac）command+U、（Windows）Ctrl+U

これは選択範囲をやり直すショートカットキーです。選択範囲を拡張しすぎた（必要以上にアイテムを選択してしまった）場合にこのショートカットキーを押すと、選択範囲を1つ前の状態に戻すことができます。取り消した後でやり直すショートカットキーもあります。

- **選択範囲のやり直し（Redo Selection）**

（Mac）command+Shift+U、（Windows）Ctrl+Shift+U

複数箇所をまとめて編集する

すでに「選択範囲の拡張」を紹介しましたが、Sublime Textにはそのほかにも複数範囲を同時に編集できる機能や操作があります。それぞれ使い勝手が違うので、状況に合わせて使い分けましょう。

command を押しながらクリック

command (Windowsでは Ctrl) を押しながらクリックした箇所にキャレットを配置できます。「同じ単語」といった条件がなく、自由に決めた複数カ所を同時編集したいときに便利です。

control + shift + ↑↓

control + shift + ↑↓ (Windowsは Ctrl + Alt + ↑↓) [*4] を押すと、現在キャレットがある位置の上もしくは下の行にキャレットを増やします。行の途中にキャレットがあり、対象となる行に文字列がない場合は、増えたキャレットは行頭に作られます。

> **ヒント*4**
> このショートカットキーは、MacではMission Controlと、Windowsでは画面回転と衝突します。割り当てを変更することをおすすめします。
>
> 詳しくは ➡ P.35

option を押しながらドラッグ

EclipseやVimの矩形選択と同様の編集機能です。行の途中をまとめて選択して編集できます 図5 。Windowsでは Shift を押しながら右ドラッグします。

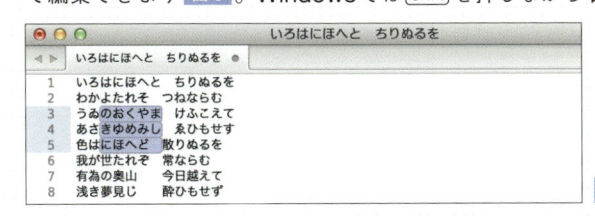

図5 矩形の範囲を選択

Split into Lines

複数行を選択した状態から、行ごとに別の選択範囲に分ける機能です。文字だけではわかりづらい機能なので、具体例を見ていきましょう。例では、Excelなどから貼り付けた複数行の項目を引用符で囲み、カンマ区切りの1行にしていき

ます。図6。

図6 Split into Linesの利用例

❶ 編集したい複数の行を選択し、command + Shift + L（Windowsは Ctrl + Shift + L）を押すと1行ずつ選択された状態になる
❷ ' を押して引用符で囲み、カーソルで行末に移動してカンマを入力する
❸ 行末に移動して改行を削除し、esc キーで複数編集箇所を解除。最後の項目の行末にあるカンマを削除する

command（Windowsでは Ctrl）+ドラッグや矩形選択で行ごとに選択する場合、行数が多くなると選択がかなり面倒になりますが、Split into Linesなら一気に行ごと別々に選択することができます。

Column

ステータスバーで選択状態を確認する

選択状態はステータスバーの表示で確認できます。文字列を選択している場合は「x chalacters selected」、複数行を選択している場合は「x lines, x characters selected」、選択範囲が複数ある場合は「x selection regions」と表示されます。

行単位で編集する

「同じ内容の行をすばやく増やしたい」「1行目と2行目を入れ替えたい」といったケースで役立つのが、行単位で編集する機能です。

表2 行の複製と移動

機能	ショートカットキー	説明
行の複製 (Duplicate Line)	(Mac) command + Shift + D (Windows) Ctrl + Shift + D	キャレットのある行を複製するショートカットキーです。通常だと行全体をコピーし、ペーストするという2段階を踏まなければならない操作が1つのショートカットキーで完了します。
行を上下に移動 (Swap Line Up、Swap Line Down)	(Mac) command + control + ↓↑ (Windows) Ctrl + Shift + ↓↑	キャレットのある行を上下に移動するショートカットキーです。複数行が選択された状態で使用すると、選択された行すべてが移動します。

　Sublime Textでは、コピー、ペースト、カット、複製の挙動が、文字列を選択しているかどうかで異なります。行にキャレットがあるだけの状態（文字列を選択していない状態）でショートカットキーを使うと行全体に対しての操作になり、文字列を選択している状態では選択文字列に対しての操作になります。

　例えば、未選択状態で command + C（Windowsでは Ctrl + C）を押せば行全体をコピー、command + X（Windowsでは Ctrl + X）を押せば行全体をカットとなります。また、行の複製（Duplicate Line）は、文字列を選択した状態で使うと、選択文字列が複製されます。

　行単位で編集するショートカットキーには、そのほかに次のようなものがあります。

表3 そのほかの行を編集する機能

機能	ショートカットキー	説明
行の削除 (Delete Line)	(Mac) control + shift + K (Windows) Ctrl + Shift + K	キャレットのある行を削除するショートカットキーです。複数行が選択されている場合には選択されている行すべてが削除されます。
行の結合 (Join Lines)	(Mac) command + J (Windows) Ctrl + J	キャレットのある行の末尾にある改行を削除し、半角スペースで区切られた状態になります。改行が複数の場合にはすべての改行が削除されます。複数行が選択されている場合には選択されている行すべてが結合されます。
改行の挿入 (Insert Line After)	(Mac) command + enter (Windows) Ctrl + Enter	キャレットがある行の次に改行を追加します。
改行の挿入 (Insert Line Before)	(Mac) command + shift + enter (Windows) Ctrl + Shift + Enter	キャレットがある行の前に改行を追加します。

履歴からペーストする

通常コピー＆ペーストで貼り付けられるのは直前にコピーまたはカットしたもののみですが、Sublime Text 3から過去にコピー／カットしたものを貼り付けられるようになりました。

- 履歴からペースト

  （Mac）command + option + V 、（Windows）Ctrl + Shift + V

このショートカットキーを押すと履歴リストが表示されるので 図7 、貼り付けたい項目をクリックするか、↑↓で選択してEnter で貼り付けます[*5]。

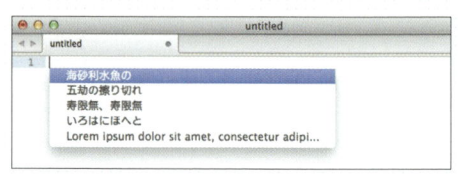

図7 履歴からペースト

> **ヒント[*5]**
> Sublime Text内でコピーしたテキストのみクリップします。履歴に保存されるのはSublime Text内でコピーしたテキストのみです。また、この履歴は、Sublime Textを終了するまで保持されます。

画面の分割機能を使いこなそう

第1章でも紹介したようにSublime Textでは画面を分割する機能があります。ここでは分割した画面を活用する方法について解説します。

1つのファイルを複数開いて編集する

1つのファイルで複数箇所を編集する場合、行数が少ないと気になりませんが、行数の多いファイルを上下にスクロールしながら作業をするのは面倒です。1つのCSSファイル内で離れた位置にあるスマートフォン用の指定とPC用の指定を編集する場合です。そういった場合は1つのファイル

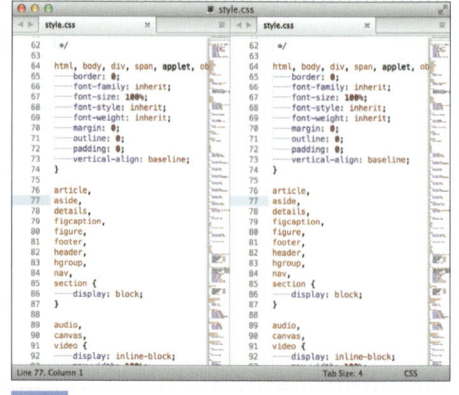

図8 同一ファイルを2つ並べて開いた状態

を同時に2つ開いてみましょう。

[File]メニューから[New View into File]を選択すると、アクティブになっているファイルを別タブでもう1つ開いてくれます。こうして開いたファイルを分割した画面の左右や上下に並べれば、行数の多いファイルを編集するたびにスクロールする必要がなくなります。この機能は、同一ウィンドウ内だけでなく、別のウィンドウに分割しても使用できます。また、同一ファイルを3つ4つといくつでも開くことができます。

この機能を頻繁に使うのであれば、第1章で紹介したショートカットキーの設定を参考に、ショートカットキーを設定してしまいましょう*6。

> **ヒント*6**
> ショートカットキーの設定について。
> 詳しくは → P.35

分割した画面間をショートカットキーで自在に移動する

分割画面で使えるショートカットキーを覚えれば、この機能の便利さをより感じられるでしょう。

表4 分割画面間を移動する機能

機能	ショートカットキー	説明
グループへの移動 (Focus Group)	(Mac) control + 1 〜 4 (Windows) Ctrl + 1 〜 4	指定グループへ切り替えます。
グループへのファイル移動 (Move File To Group)	(Mac) control + shift + 1 〜 4 (Windows) Ctrl + Shift + 1 〜 4	現在アクティブになっているファイルを指定グループへ移動します。

開いているファイル間を移動する

画面を分割しているときやいくつかファイルを開いているときには、編集するファイルを切り替える必要が出てきます。ファイルの切り替えもショートカットキーを使用して、作業を効率よく進めていきましょう。

表5 ファイル間を移動する機能

機能	ショートカットキー	説明
次のファイル (Next File)	(Mac) command + option + → (Windows) Ctrl + Pagedown	開いているファイルの1つ右のファイルに移動します。一番右のファイルを開いている場合は、一番左へ移動します。
前のファイル (Previous File)	(Mac) command + option + ← (Windows) Ctrl + Pageup	開いているファイルの1つ左のファイルに移動します。一番左のファイルを開いている場合は、一番右へ移動します。
グループの次のファイル (Next File in Stack)	(Mac) control + tab (Windows) Ctrl + Tab	開いているファイルのうち1つ前に見ていたファイルに移動します。画面を分割している場合には、その分割画面内で切り替えます。
グループの前のファイル (Previous File in Stack)	(Mac) control + shift + tab (Windows) Ctrl + Shift + Tab	Next File in Stackの逆順でファイルを切り替えます。画面を分割している場合には、その分割画面内で切り替えます。

⎿control⏋＋⎿tab⏋（Windowsでは⎿Ctrl⏋＋⎿Tab⏋）によるファイル切り替えは、ブラウザのタブ切り替え用ショートカットキーと同じですが、タブの並び順ではなく、最後に使用した順番で切り替わることに注意してください。

ショートカットキーを変更するには、[Preferences]メニューから[Keybinding - Users]を選択して以下のように記述し、keysを適宜変更しましょう。

ショートカットキー設定のサンプル

```
{ "keys": ["ctrl+tab"], "command": "next_view" },
{ "keys": ["ctrl+shift+tab"], "command": "prev_view" },
{ "keys": ["ctrl+pagedown"], "command": "next_view_in_stack" },
{ "keys": ["ctrl+pageup"], "command": "prev_view_in_stack" }
```

Column

Sublime Text 3で強化された画面の分割機能

Sublime Text 3からは画面の分割機能がさらに強化されています。作成できるグループ数は、Sublime Text 2では4つまででしたが、表6で紹介するショートカットキーを使用することでそれ以上作成することが可能になりました。ただし、ショートカットキーでの移動は9番目までしかできないので、9個以上作成したい場合は、別ウィンドウで管理したほうがいいでしょう。

表6 バージョン3で追加されたグループ関連の機能

機能	ショートカットキー	説明
ファイルを新規グループに移動（Move File to New Group）	(Mac)⎿command⏋＋⎿K⏋, ⎿command⏋＋⎿↑⏋ (Windows)⎿Ctrl⏋＋⎿K⏋, ⎿Ctrl⏋＋⎿↑⏋	現在表示しているファイルを新規グループに移動します。
新規グループを作成（New Group）	(Mac)⎿command⏋＋⎿K⏋, ⎿command⏋＋⎿shift⏋＋⎿↑⏋ (Windows)⎿Ctrl⏋＋⎿K⏋, ⎿Ctrl⏋＋⎿Shift⏋＋⎿↑⏋	こちらは先のグループ移動とは違い、新規グループを作成するだけです。
グループを閉じる（Close Group）	(Mac)⎿command⏋＋⎿K⏋, ⎿command⏋＋⎿↓⏋ (Windows)⎿Ctrl⏋＋⎿K⏋, ⎿Ctrl⏋＋⎿↓⏋	開いているグループを閉じ、1つ前のグループに統合します。
次グループへの移動（Focus Group Next）	(Mac)⎿command⏋＋⎿K⏋, ⎿command⏋＋⎿→⏋ (Windows)⎿Ctrl⏋＋⎿K⏋, ⎿Ctrl⏋＋⎿→⏋	次グループへ移動します。
前グループへの移動（Focus Group Previous）	(Mac)⎿command⏋＋⎿K⏋, ⎿command⏋＋⎿←⏋ (Windows)⎿Ctrl⏋＋⎿K⏋, ⎿Ctrl⏋＋⎿←⏋	前グループへ移動します。
次グループへのファイル移動（Focus Group Next）	(Mac)⎿command⏋＋⎿K⏋, ⎿command⏋＋⎿shift⏋＋⎿→⏋ (Windows)⎿Ctrl⏋＋⎿Shift⏋＋⎿→⏋	次グループへファイルを移動します。
前グループへのファイル移動（Focus Group Previous）	(Mac)⎿command⏋＋⎿K⏋, ⎿command⏋＋⎿shift⏋＋⎿←⏋ (Windows)⎿Ctrl⏋＋⎿Shift⏋＋⎿←⏋	前グループへファイルを移動します。

Sublime Textの多彩な検索／置換機能

　検索／置換機能はたいていのエディタに付いていますが、Sublime Textには通常のファイル内検索に加えて、フォルダ内の検索や、検索ダイアログボックスを表示せずにすばやく検索する機能などが用意されています。

ファイル内検索

　まずは一般的なエディタに近いファイル内検索機能から紹介しましょう。現在のファイル内でのみ検索する場合は、[Find]メニューから[Find]を選択するか、command+F（WindowsはCtrl+F）を押すとファイル内検索用の項目が表示されます 図9 [*7]。

> **ヒント[*7]**
> ファイル内で置換したい場合はcommand+option+F（WindowsではCtrl+H）を押します。

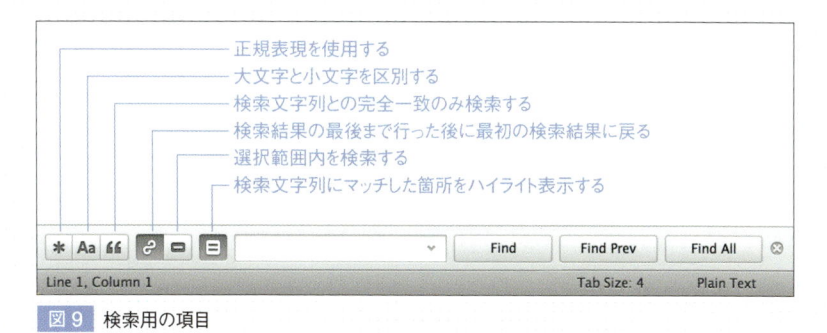

```
正規表現を使用する
大文字と小文字を区別する
検索文字列との完全一致のみ検索する
検索結果の最後まで行った後に最初の検索結果に戻る
選択範囲内を検索する
検索文字列にマッチした箇所をハイライト表示する

* Aa " 🔗 ▬ ☰    [          ▼]    Find   Find Prev   Find All  ⊗
Line 1, Column 1                        Tab Size: 4    Plain Text
```

図9 検索用の項目

　いったん検索を開始したら、以下のショートカットキーで前後の検索結果に移動できます。

- 次の検索結果：（Mac）command+G、（Windows）F3
- 前の検索結果：（Mac）command+shift+G、（Windows）Shift+F3

　そのほかに、インクリメンタル検索（Macはcommand+I、WindowsはCtrl+I）がありますが、ファイル内検索と同等の機能なので、使う機会は特にないでしょう。

複数のファイルを検索する

　ほかのエディタでのフォルダ内検索に相当するものがFind in Filesです。[Find]メニューから[Find in Files]を選択するか、command+shift+F（Windowsは

Ctrl＋Shift＋Fを押すと項目が表示されます図10*8。

> ヒント*8
> ［結果の前後の行を表示］をオフにすると、マッチした文字列の行のみ表示されます。［結果を別ファイルで表示する］をオフにすると、画面下部に検索結果が表示されます。

　　　　　正規表現を使用する
　　　　　大文字と小文字を区別する
　　　　　検索文字列との完全一致のみ検索する
　　　　　結果の前後の行を表示する
　　　　　結果を別ファイルで表示する

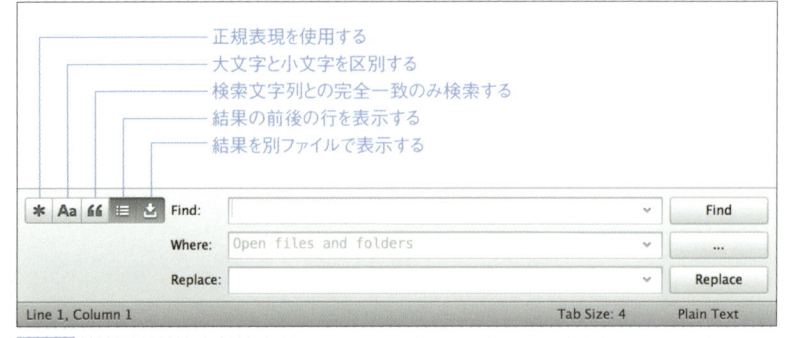

図10　Find in Filesの項目が表示された

　［Find］と［Replace］の間にある［Where］で検索範囲を指定する項目です。デフォルトの検索範囲は「現在開いているファイルとフォルダ（Open files and folders）」となっています。それ以外の条件の場合は右の［...］というボタンから設定可能です図11。

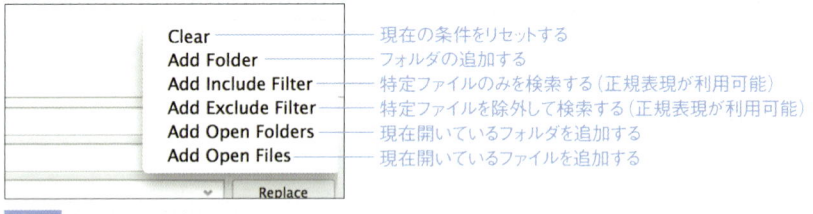

Clear — 現在の条件をリセットする
Add Folder — フォルダの追加する
Add Include Filter — 特定ファイルのみを検索する（正規表現が利用可能）
Add Exclude Filter — 特定ファイルを除外して検索する（正規表現が利用可能）
Add Open Folders — 現在開いているフォルダを追加する
Add Open Files — 現在開いているファイルを追加する

図11　検索範囲を指定するメニュー

　フォルダやファイルは、複数の指定が可能です。例えば、A〜Dの子フォルダがあるフォルダ内のAとCフォルダのみを指定するなどの設定ができます図12。

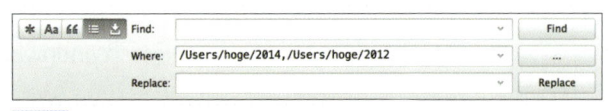

図12　2つのフォルダを指定した場合

日本語の文字を検索／置換する際の注意点

　Sublime Textの検索／置換機能では、日本語入力時の変換キーを拾ってしまうという問題があります。例えば、変換の確定をTabで行おうとすると、変換途中の文字列が消え、次の入力欄に移動してしまいます。また、変換をEnterで確定しようとすると、検索が始まってしまいます。

　編集画面内の文字列を選択した状態でcommand＋E（WindowsではCtrl＋E）

を押すと、その文字列が検索文字列の入力欄に自動的に入力される機能があるので、可能ならこれを利用するといいでしょう。置換文字列を入力欄に入れたい場合は、文字列を選択して command + shift + E （Windowsは Ctrl + Shift + E ）を押します。この操作は、検索置換画面を表示する前に行っても有効です。

Quick Find、Quick Find All

　Sublime Textには、検索画面を経由せずに特定の文字列を検索する機能があります。Quick Findは選択した文字列と同じ文字列に順にジャンプしていく機能、Quick Find Allは選択した文字列を一括選択してくれる機能です。

- Quick Find

　（Mac） option + command + G 、（Windows） Ctrl + F3

　ショートカットキーを繰り返すことで、選択文字列を順番にたどっていきます。 shift キーを加えることで、逆順でたどることもできます。

- Quick Find All

　（Mac） control + command + G 、（Windows） Alt + F3

　選択文字列をファイル内から検索し、それらをすべて選択状態にします。先に書いた検索置換機能のショートカットキーといっていいでしょう。ただし、正規表現は使えません。キャレットを増やす方法で言及していませんが、該当する文字列が複数の場合、キャレットが増えます。

Goto機能ですばやくジャンプする

　ソースコードが長くなってくると、目的の部分を探すのに苦労することになります。ミニマップもありますが、おおよその位置がわかっていないと移動できません。そういう場合は、特定箇所にジャンプするGoto機能を利用します。

指定した行番号に移動する（Goto Line）

　行番号を指定して移動したい場合はGoto Lineを利用します。Web制作ではブラウザのデベロッパーツールなどで調べたCSSやSCSSの行番号に移動するという使い方をすると便利でしょう。ショートカットキーは、 control +

G（Windowsでは Ctrl + G）です。ショートカットキーを押すと入力ボックスが出てくるので、移動したい行番号を入力して Enter を押します 図13 。

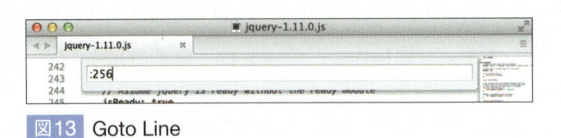

図13　Goto Line

シンボルに移動（Goto Symbol）

　ソースコード内の function や class、CSS のセレクタなどの「シンボル」を選んで移動します。ショートカットキーは、command + R（Windows では Ctrl + R）です。シンボルのリストが表示されるので、入力ボックスに移動したいシンボル名を入力して絞り込み、↑↓で選んで Enter を押して移動します 図14 。

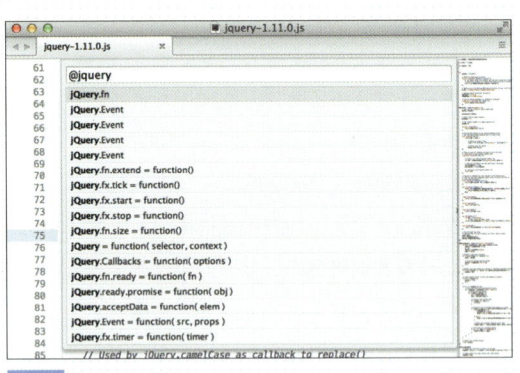

図14　Goto Symbol

　また、Markdown 文書[*9]の編集中に command + R（Windowsでは Ctrl + R）を押すと、見出し（行頭に # がある行）を抽出して目次のように表示してくれます。長い文書中をすばやく移動できて便利です 図15 。

> **ヒント*9**
> Markdown は開発系のドキュメント作成などに使われる簡易マークアップ言語です。
> 詳しくは → P.221

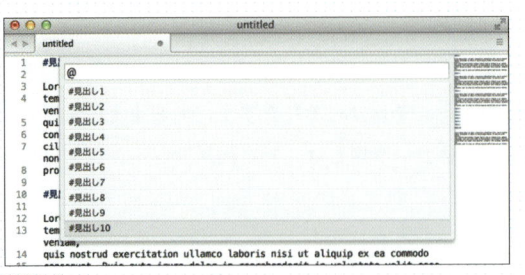

図15　Markdown文書でGoto Symbol

Goto Anything

　開いているディレクトリ内から、入力内容に最も合うファイルを検索する機能です。Goto LineやGoto Symbolは、Goto Anythingの機能の一部で、それらを別のショートカットキーで呼び出しています。

　command＋P（WindowsではCtrl＋P）を押すと入力ボックスが表示されるので、特定の文字を入力することで、「指定した行番号に移動」「シンボルを移動」「ファイル内検索」を行えます。行頭に以下の文字を入力することで機能を選択できます。指定しない場合はすべての機能から絞り込みが行われます。

- **指定した行番号に移動**
  Goto Anythingのダイアログボックス内で「:」を入力し、移動したい行番号を入力します。
- **シンボルの検索**
  Goto Anythingのダイアログボックス内で「@」を入力し、検索したい文字列を入力します。
- **ファイル内検索**
  Goto Anythingのダイアログ内で「#」を入力し、検索したい文字列を入力します。ほかの検索機能と違い、候補がリストアップされます。

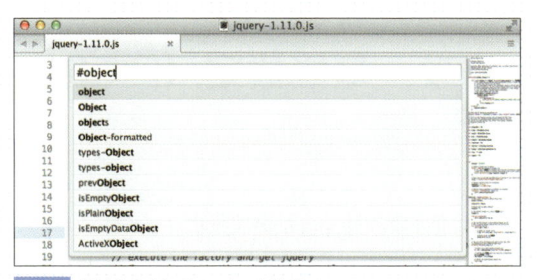

図16　「#」を入力してファイル内検索

②-2 コーディングルールに対応する

テキストエディタの評価を決めるポイントとして、コーディングルールへの対応の柔軟さがよく挙げられます。ここではSublime Textの多彩なコーディング設定を解説します。

　個人で作るものにせよ仕事で作るものにせよ、コーディングルールは会社、案件、プロダクトによって千差万別です。例えばインデントだけをとっても、「タブを利用するのかスペースを利用するのか」「インデントの深さはどれぐらいにするのか」などのルールがあり、それらに対応できなければ非常に作業しづらくなってしまいます。

　Sublime Textではコーディングルールに対してもさまざまな設定が用意されています。言語ごと、ファイルごと、プロジェクトごとにも設定できるので、必要とされるケースにおいて柔軟に対応することが可能です。

ユーザー環境設定（Preferences）での調整

　まずは第1章で紹介した環境設定ファイルでの設定から解説しましょう[*10]。言語やファイル単位での設定がない場合に反映されるので、コードを書く際の基本的な設定となります。[Prefereinces]メニューから[Settings - User]を選択し、JSON形式[*11]で記述していきます。

　右ページの表にまとめたように、タブサイズや自動インデントの設定が中心です。どれぐらい下げるのか、どこにそろえるのかなどを細かく調整できます。Sublime Textは環境設定ファイルを保存するとすぐに反映されるので、設定ファイルを編集しながら実際の動作を確認できます。

ヒント*10
環境設定について。
詳しくは → P.28

ヒント*11
JSON形式はJavaScriptの記法をベースにしたデータフォーマットです。主にWebサービスでデータを受け渡したり記録したりするために使われています。

表7 コーディングルールに関する環境設定

設定項目	デフォルト	説明
tab_size	4	タブのサイズを指定します。translate_tabs_to_spacesでタブをスペースに変換する際は、ここで指定した数のスペースがタブのかわりに挿入されます。
translate_tabs_to_spaces	false	タブをスペースに変換するかどうかを設定します。trueにするとTabを押した際にtab_sizeで指定した数のスペースが挿入されます。
use_tab_stops	true	translate_tabs_to_spacesとこれをtrueにした場合、Tabを押すとtab_sizeで指定したタブの位置にそろえるようにスペースを挿入します。また、deleteやBackSpaceを押した際もtab_sizeで指定したタブの位置まで削除します。
detect_indentation	true	trueに設定すると、ファイルをロードした際にtranslate_tabs_to_spacesとtab_sizeを自動判定して、その結果をファイル内に適用します。ただし、正しく判定されない場合もあります。
auto_indent	true	trueに設定すると、Enterで改行した際に前後の行の状態に応じて自動的にインデントするようになります。インデントを自分で入力したい場合はfalseに設定します。以降で紹介するオートインデント関連の設定はこれをtrueにしておかないと意味をもちません。
smart_indent	true	trueに設定するとスマートインデント機能を有効にします。C言語の文法であれば、オートインデントの際にさらに文法に適したインデントを挿入します。
indent_to_bracket	false	trueに設定すると、オートインデントの際にブラケット（カッコ）内の改行に対して、ブラケットの位置までインデントを挿入します。
trim_trailing_white_space_on_save	false	trueに設定すると、ファイルの保存時に行末の空白を削除します。
ensure_newline_at_eof_on_save	false	trueに設定すると、ファイルの保存時に、ファイルの最後が改行で終わるように調整します。
shift_tab_unindent	false	shift+tabを押したときの動作を制御します。trueに設定するとキャレットが行内のどこにあってもアンインデントを行うようになります。falseでは、キャレットがインデントの内部にあるときか複数行を選択している場合のみアンインデントし、それ以外ではタブが挿入されます。
trim_automatic_white_space	true	空行のインデントを取り除く設定です。trueに設定すると、オートインデントによって挿入されたスペース付近をキャレットが移動した際に、空行であればスペースを取り除きます。
draw_indent_guides	true	trueに設定すると、インデントのガイドラインを引きます。ガイドラインの色や太さはテーマファイル（P.50参照）でカスタマイズが可能です。
indent_guide_options	"draw_normal"	インデントのガイドラインの表示方法を指定します。'draw_normal'では常時表示しますが、'draw_active'に設定すると、現在キャレットがあるブロックに関わるインデントのガイドだけを表示するようになります。
default_line_ending	system	改行コードを指定します。systemではOSの改行コードに準拠します。OSに準拠しない場合は、windowsと指定すると改行コードがCRLFに、unixと指定するとLFになります。（Mac OS XはLFを使用するのでunixと指定）

設定例を挙げておきましょう。変更したい部分のみ記述すればいいのですが、いろいろと試行錯誤しながら設定変更していくことが多いので、とりあえずデフォルトのままでいいものも含めて記述しておけば手早く調整できます。

```
"tab_size": 2,                              // タブのサイズを2字分にする
"translate_tabs_to_spaces": true,           // タブをスペースに変換する
"trim_trailing_white_space_on_save": false, // 行末の空白は削除しない
"indent_guide_options": ["draw_active"],    // 編集中のブロックのみガイド表示する
"draw_white_space": "all",                  // スペースを表示する
"indent_to_bracket": true                   // カッコまでのインデントを有効にする
```

trim_trailing_white_space_on_save は行末の余計なスペースを削除する設定で、ここでは残すよう false にしています 図17。

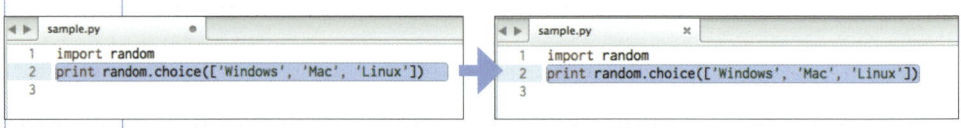

図17 trueの場合、行末にスペースが存在している状態で保存すると自動的に行末のスペースが削除される

indent_guide_options はタブでそろえる位置を表すガイド線に関する設定で、今回は "draw_active" を指定しています 図18。

図18 draw_activeではキャレットがあるブロックのみガイドの縦線が表示される

indent_to_bracket は、true にするとブラケット（カッコ）にあわせて自動インデントされます[*12]。

> **ヒント[*12]**
> 変数を複数行にわたって定義するときにイコールの位置をそろえたい場合は、Abacusというパッケージが利用できます（https://github.com/khiltd/Abacus）。

```
// "indent_to_bracket": true
var a = sampleFunctionTrue(
                    100,
                    200,
                    300);
```

```
// "indent_to_bracket": false
var b = sampleFunctionFalse(
    100,
    200,
    300);
```

言語ごとに設定する

　コーディングの際の取り決めは、言語によって変わってくる場合が少なくありません。例えばサーバサイドのプログラムでは柔軟に対応できるようにインデントをスペースで入れ、HTMLについてはタブを利用するといった使い分けが必要になってくる場合があります。ここでは言語ごとの設定方法を解説します。

設定での調整

　言語に対応した設定ファイルを開くには、該当の言語のファイルを開いている状態で[Preferences]メニューから[Settings - More]→[Syntax Specific - User]を選択します[*13]。ここに設定を記述していきます。

　実際にやってみましょう。環境設定側で「タブサイズ2字分、スペースを使用」と設定してある前提で、HTMLのみインデントをスペースでなくタブを利用するようにし、入れ子関係がわかりやすいようにタブのサイズを2ではなく4にしてみます。HTMLファイルを開いた状態で先に解説したメニューを選択すると、「HTML.sublime-settings」ファイルが開かれるので、次のように入力します。

> ヒント*13
>
> Mac版では、[Sublime Text]メニューの中に[Preferences]メニューがあります。

```
{
  "translate_tabs_to_spaces": false,
  "tab_size": 4
}
```

　これを保存すると、HTMLについてはサイズ4のタブが挿入されるようになります。このような形で、言語ごとに異なるルールについても対応が可能です。

キーバインドを利用した調整

　特にプログラミングにおいて採用されるルールで、ブラケット（カッコ）とスペースの組み合わせがあります。例えばPHPを記述するときに、ブラケットの前後にスペースを入れたコードを求められることがあります。

スペースなし
```
<?php
echo('Test Text');
?>
```

スペースあり
```
<?php
echo( 'Test Text' );
?>
```

この場合は全体の環境設定や言語ごとの設定ではなく、キーバインドを利用して設定します。Sublime Textはデフォルトで自動的にカッコ((、[、{など)をペアで入力するようにキーバインドが設定されているので、それを編集することで対応可能です。

❶ **デフォルトのキーバインドの確認**

まずデフォルトのキーバインドを確認しましょう。[Preferences]メニューから[Key Bindings - Default]を選択します。デフォルトのキーバインドの設定ファイルが開くので、ここからブラケットに関連した設定を確認します。

```
// Auto-pair brackets
{ "keys": ["("], "command": "insert_snippet", "args": {"contents": "($0)"}, "context":
    [
        { "key": "setting.auto_match_enabled", "operator": "equal", "operand": true },
        { "key": "selection_empty", "operator": "equal", "operand": true, "match_all": true },
        { "key": "following_text", "operator": "regex_contains", "operand": "^(?:\t|\\)|]|;|\\}|$)", "match_all": true }
    ]
},
{ "keys": ["("], "command": "insert_snippet", "args": {"contents": "(${0:$SELECTION})"}, "context":
    [
        { "key": "setting.auto_match_enabled", "operator": "equal", "operand": true },
        { "key": "selection_empty", "operator": "equal", "operand": false, "match_all": true }
    ]
},
```

Auto-pair bracketsというコメントが入っているので、Auto-pairで検索すると手早く見つけられます。これをベースとしてスペースを追加します。

❷ **ユーザーのキーバインド設定を開く**

[Preferences]メニューから[Key Bindings - User]を選択してユーザーの設定ファイルを開きます。何も設定していない状態では空白の状態です。

❸ **デフォルトの状態のキーバインドをコピー＆ペースト**

ユーザーの設定ファイルにデフォルトのキーバインド設定をコピー＆ペーストします。コピーするときの注意点としては、設定ファイルはJSONの配列形式になっているので、全体を[ ]でくくります。

```
[
    // Auto-pair brackets
    { "keys": ["("], "command": "insert_snippet", "args": {"contents": "($0)"}, "context":
        [
            { "key": "setting.auto_match_enabled", "operator": "equal", "operand": true },
            { "key": "selection_empty", "operator": "equal", "operand": true, "match_all": true },
            { "key": "following_text", "operator": "regex_contains", "operand": "^(?:\t| |\\)|]|;|\\}|$)", "match_all": true }
        ]
    },
    { "keys": ["("], "command": "insert_snippet", "args": {"contents": "(${0:$SELECTION})"}, "context":
        [
            { "key": "setting.auto_match_enabled", "operator": "equal", "operand": true },
            { "key": "selection_empty", "operator": "equal", "operand": false, "match_all": true }
        ]
    }
]
```

❹ キーバインド設定の編集

まずはカッコ(の入力時に閉じカッコ)が自動入力されますが、そのときにスペースが入るように「"($0)"」を「"($0)"」に編集します。

```
{ "keys": ["("], "command": "insert_snippet", "args": {"contents": "( $0 )"}, "context":
```

さらに、選択状態で(を入力したときにも閉じカッコ)が入力されるので、その動作の設定も編集します。

```
{ "keys": ["("], "command": "insert_snippet", "args": {"contents": "( ${0:$SELECTION} )"}, "context":
```

この状態で保存すると、すべての入力について反映されます。これだとHTMLなどプログラム以外にも適用されてしまうので、今回ではJavaScriptとPHPにのみ反映されるように対象のシンタックスを指定する記述を追加します。

```
[
    // Auto-pair brackets
    { "keys": ["("], "command": "insert_snippet", "args": {"contents": "( $0 )"}, "context":
        [
            { "key": "setting.auto_match_enabled", "operator": "equal", "operand": true },
            { "key": "selection_empty", "operator": "equal", "operand": true, "match_all": true },
            { "key": "following_text", "operator": "regex_contains", "operand": "^(?:\t|
|\\)|]|;|\\}|$)", "match_all": true },
            { "key": "selector", "operator": "equal", "operand": "source.js,source.php" }
        ]
    },
    { "keys": ["("], "command": "insert_snippet", "args": {"contents": "( ${0:$SELEC-TION} )"}, "context":
        [
            { "key": "setting.auto_match_enabled", "operator": "equal", "operand": true },
            { "key": "selection_empty", "operator": "equal", "operand": false, "match_all": true },
            { "key": "selector", "operator": "equal", "operand": "source.js,source.php" }
        ]
    }
]
```

'{ "key": "selector", "operator": "equal", "operand": "source.js,source.php" }'という箇所がシンタックスの指定になります。source.jsという部分がシンタックスを表しており、JavaScriptの場合はsource.js、PHPの場合はsource.phpとなります。シンタックスを表す文字列は、対象のシンタックスの言語パッケージにある（言語名）.tmLanguageファイルに記述されているscopeNameというキーで確認します。

```
        // (例 JavaScript.tmLanguage のscopeName
        <key>scopeName</key>
        <string>source.js</string>
```

これでJavaScriptとPHPでブラケット(の入力時にスペースが入るようになります。角カッコ[の入力時にもスペースを挿入したいといった場合は、同様に設定を行えばいいでしょう。

ファイル単位で設定する

ここまではSublime Text自体の動作を設定しましたが、Sublime Textのメニューからインデントなどを設定することが可能です。また、デフォルトでショートカットが設定されているものについては、ショートカットキーもあわせて紹介します。また、コマンドパレットから利用可能なものもあります。

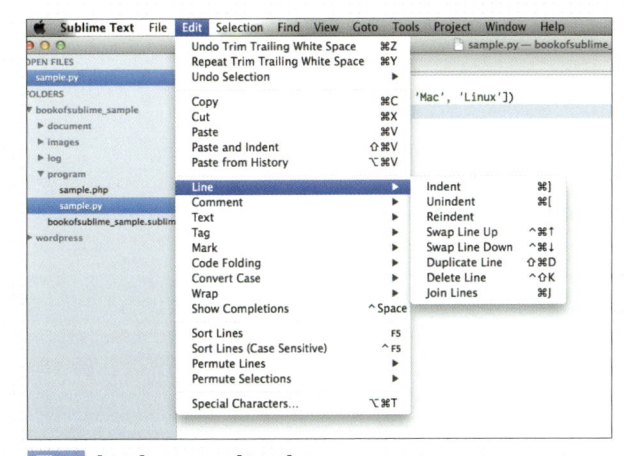

図19 [Edit]メニュー→[Line]

表8 [Edit]メニューのインデントを設定する機能

機能	メニューとショートカットキー	説明
Indent	[Edit]→[Line]→[Indent] (Mac) command + [] (Windows) Ctrl + []	現在キャレットがある箇所や選択されている行のインデントを一段階下げます。tab はキャレットが行頭にあるときしか使えませんが、このショートカットキーはキャレットが行頭に以外にある状態でも利用できます。
Unindent	[Edit]→[Line]→[Unindent] (Mac) command + [] (Windows) Ctrl + []	現在キャレットがある箇所や選択されている行のインデントを一段階上げます。キャレットが行頭にない状態でも利用できます。環境設定ファイルでshift_tab_unindent を true にしている場合は、shift + tab でもアンインデントできます（P.71参照）。
Reindent	[Edit]→[Line]→[Reindent]	Sublime Textで判定してキャレットがある行や選択されている行のインデントを自動的に調整します。ショートカットキーは割り当てられていませんが、コマンドパレットからも利用可能です。
Indent Using Spaces	[View]→[Indentation]→[Indent Using Spaces]	インデントをタブで行うかスペースで行うかを指定します。ここにチェックマークが入っているとインデントをスペースで行います。既存のインデントには影響せず、新たに入力するインデントに適用されるので、すでに入力されているインデントを調整したい場合は、キャレットを該当の行に移動するか行を選択した状態でReindentを行います。

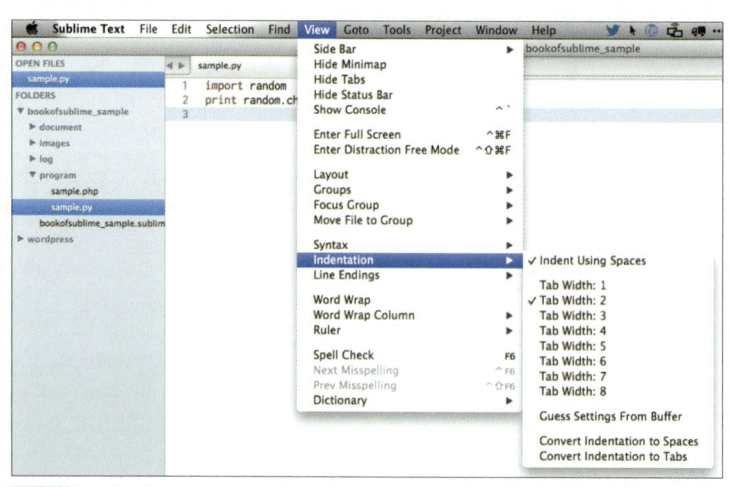

図20 [View]メニュー→[Indentation]

表9 [View]メニューのインデントを設定する機能

機能	メニュー	説明
Tab Width: 1〜8	[View] → [Indentation] → [Tab Width: 1〜8]	タブのサイズを設定します。設定した時点でタブのサイズは変わりますが、スペースを利用している場合は反映させるためにReindentを行う必要があります。
Guess Settings From Buffer	[View] → [Indentation] → [Guess Settings From Buffer]	現在開いているファイル（バッファ）からインデントの状態を判別してインデントの幅を調整します。タブ／スペースの切り替えは対象になりません。また、環境設定のdetect_indentationと同様に正確性に問題があります（P.71参照）。
Convert Indentation to Spaces	[View] → [Indentation] → [Convert Indentation to Spaces]	インデントをすべてスペースに変換します。指定すれば既存のインデントも即時切り替わります。コマンドパレットからも利用可能です。
Convert Indentation to Tabs	[View] → [Indentation] → [Convert Indentation to Tabs]	インデントをすべてタブに変換します。指定すれば既存のインデントも即時切り替わります。ただし、Tab Width: nの数値に満たないスペースは変換せずにそのままになります。例えばスペース6個のインデントが存在していて、Tab Width: 2を指定いていた場合は、3つのタブでのインデント、Tab Width: 4を設定していた場合は、1つのタブと2つのスペースでのインデントとなります。コマンドパレットから利用可能です。
Line Endings	[View] → [Line Endings]	改行コードを切り替えます。Windows（CRLF）、Mac OS 9（CR）、Unix（LF）から選択できます（Mac OS XではUnixを指定します）。指定すればそのファイル全体の改行コードが変更されます。

案件やプロダクト単位で設定する

　参加した案件やプロダクトのコーディングルールが普段の自分のルールと違っていた場合や、ルールが自分のものとは違うコードのメンテナンスを行う場合は、その作業中だけいつもと異なるコーディングルールに従う必要が出てきます。Sublime Textでそんな状況に対応する方法をいくつか紹介します。

環境設定ファイルを書き換えて対応する

　Sublime Textの1つの特徴として、設定へのアクセスしやすさと柔軟性があります。それを最大限利用すれば、必要なときにすばやく設定を切り替えることも可能です。コマンドパレットを表示して「setting」と入力すると、「Preferences: Settings - User」が表示されます[*14]。そこで Enter を押して環境設定ファイルを開き、設定を編集してしまえば保存後は設定が反映された状態になります。

　設定を編集すると聞くと手間がかかるように感じるかもしれませんが、Sublime Textの設定はGUIではなくJSONの形式です。JavaScriptのルールでコメントアウトを使って、柔軟に切り替えることができます。例えば、普段はインデントをスペースで行っているが、関わった案件がタブだった場合、Preferencesを下記のように記述すれば、コメントアウトする行を切り替えるだけで一時的な設定変更を行えます[*15]。

> **ヒント*14**
> Mac版では Command + [,] を押して環境設定ファイルを開くことができます。

> **ヒント*15**
> command + [/]（Windowsでは Ctrl + [/]）を押すと、選択した行や文字列をコメントアウトしたり元に戻したりすることができます。

```
// 通常の設定
// "translate_tabs_to_spaces": true,
// A案件向けの設定
"translate_tabs_to_spaces": false,
```

　変更項目が少ない場合はこの方法で対応すると手早い切り替えが可能です。

プロジェクトの設定で対応する

　環境設定を書き換える方法は、設定項目が多岐にわたった場合はあまり効率的ではありません。そのような場合は、プロジェクト[*16]の設定ファイルで対応することをおすすめします。[Project]メニューから[Edit Project]を選択してプロジェクトの設定ファイルを以下のように記述すると、そのプロジェクト内での

> **ヒント*16**
> プロジェクトについて。
> 詳しくは → P.81

設定として有効になります。

```
{
    "folders":
    [
        {
            ……中略……
        }
    ],
    "settings":
    {
        "tab_size": 2,
        "translate_tabs_to_spaces": false,
        "indent_to_bracket": true
    }
}
```

　プロジェクトの設定では、環境設定と同じすべての設定が行えます。ただし、シンタックスの設定のほうが優先されるので、言語ごとの設定を利用している場合は適時そちらを変更しください。

特に設定を変更せずに対応する

　一時的に案件やプロダクトに関わる場合や、対象のファイル数が少ない場合などは、特に設定を変更せず、メニューからの調整で対応できます。環境設定でdetect_indentationが有効になっている場合は、ファイルを開いたときにインデントの自動判別を行ってくれますが、すでに書いているとおりあまり正確ではありません。メニューからGuess Settings From Bufferを利用しても同様です。判別の結果は下部のステータスバーに表示されているので、開いたファイルのルールと合致しているかを確認して、必要があればメニューから調整します。

　また、ファイルの一部のみを修正するような場合は、オートインデントが役に立ちます。auto_indentをtrueにしている状態であれば、タブとスペースが混ざったような特殊なインデントであってもそれを継承する形で改行できます。

2-3 プロジェクトの活用

Sublime Textにはプロジェクトという機能があります。いわゆるIDEのプロジェクトとはアプローチが異なるのですが、案件やプロダクトを進めていく上で必要なファイルやフォルダを1つの単位としてまとめて管理できます。複数の案件やプロダクトを扱う場合などは、プロジェクト単位で扱うことにより混乱を回避できます。

プロジェクトの簡単な設定方法

Sublime Textでは、簡単にプロジェクトを作成することができます図21。

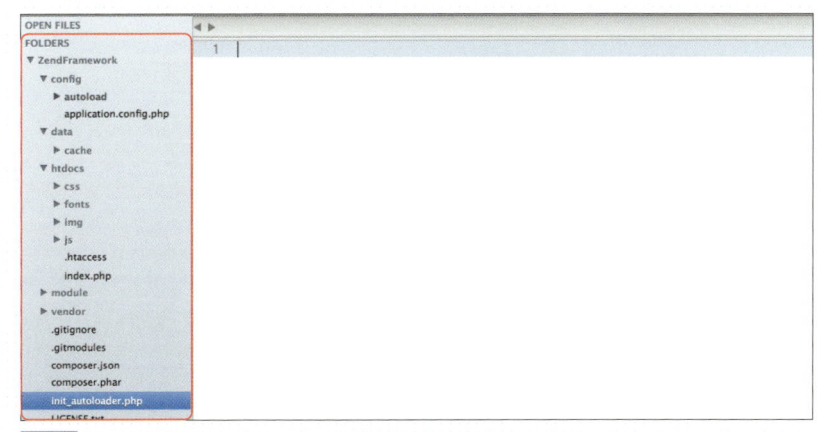

図21 プロジェクトはサイドバーに「FOLDERS」として表示される

❶ Finderやエクスプローラーでプロジェクトに設定したいフォルダを表示し、そのアイコンをSublime Textのウィンドウにドラッグ＆ドロップする
❷ [Project]メニューから[Save Project As]を選択する
❸ 任意の名前を付けて保存する

プロジェクトファイルの保存場所はどこでもいいのですが、専用のフォルダを用意しておくか、プロジェクトとして扱うメインのフォルダに保存するのがいい

でしょう。プロジェクトの設定を行う必要がなければ、フォルダをドラッグ＆ドロップするだけで、保存しなくてもそのまま簡易的なプロジェクトとして利用できます。

プロジェクトの設定

プロジェクト単位での設定は、[Project]メニューから[Edit Project]を選択すると開かれる設定ファイルで行えます。[Edit Project]が有効でない場合は、まず、[Save Project As]からプロジェクト設定ファイルを保存してください。特に設定を行っていない状態のプロジェクトの設定ファイルは、以下のようになっています。

```
{
    "folders":
    [
        {
            "follow_symlinks": true,
            "path": "."
        }
    ]
}
```

'follow_symlinks'はシンボリックリンクを有効にするか否かの設定です。Unix系（Macを含む）では基本的に有効にしておけばいいでしょう。pathはProjectのフォルダのパスになります。上記の例ではProjectのフォルダ内に保存していますが、別の場所に保存した場合は絶対パスなどで保存されるようになります。このファイルに追加の記述をすることで、さまざまな制御が可能になるので順番に紹介していきましょう。

特定のファイルやフォルダを不可視に設定する

案件によっては、プロジェクトフォルダ内にSublime Textで編集できないファイルが入っていることがあります。例えばExcelやWordのドキュメントファイルや、PhotoshopやIllustratorで作られた素材のファイルなどです。それらについてはフォルダごと、もしくはファイル単位で不可視にすることが可能です。

このようなフォルダ構成のプロジェクトの場合、デザインソースを格納しているdesign_sourceフォルダはSublime Textから参照することはないのでフォルダごと不可視にしてみましょう。

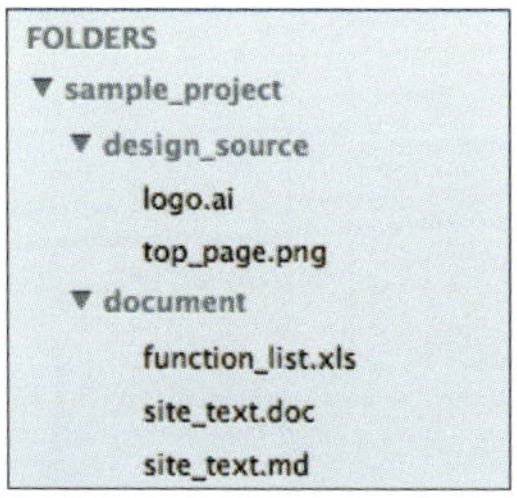

```
FOLDERS
▼ sample_project
    ▼ design_source
        logo.ai
        top_page.png
    ▼ document
        function_list.xls
        site_text.doc
        site_text.md
```

図22 プロジェクトの例

```
{
  "folders":
  [
    {
      "follow_symlinks": true,
      "folder_exclude_patterns": ["design_source"],
      "path": "."
    }
  ]
}
```

これでdesign_sourceフォルダが不可視になりました 図23 。引き続きdocumentフォルダですが、ここにはWordからテキストを抜き出したsite_text.mdというマークダウンファイルも入っているので、ExcelファイルとWordファイルのみを不可視にします。

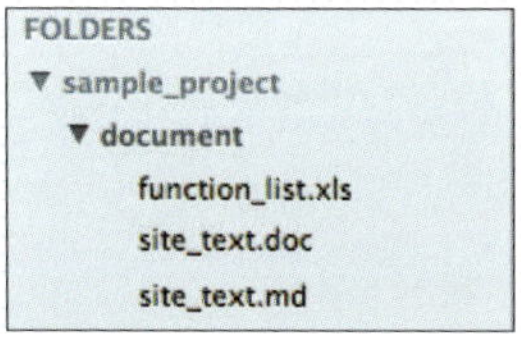

```
FOLDERS
▼ sample_project
    ▼ document
        function_list.xls
        site_text.doc
        site_text.md
```

図23 design_sourceフォルダを不可視にした状態

```
{
  "folders":
  [
    {
      "follow_symlinks": true,
      "folder_exclude_patterns": ["design_source"],
      "file_exclude_patterns": ["document/*.xls","document/*.doc"],
      "path": "."
    }
  ]
}
```

2-3 プロジェクトの活用

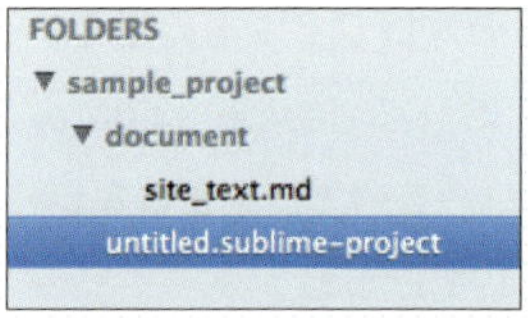

図24 Excel/Wordファイルを不可視にした状態

　これで、ExcelファイルとWordファイルが不可視の状態になりました **図24**。前ページの例では["document/*.xls","document/*.doc"]と記述していますが、複数のフォルダにまたがる場合やプロジェクト全体で不可視にする場合は["*.xls","*.doc"]と記述します。また、フォルダもファイルも複数の指定が可能なので、JSONの配列の形式を利用して["対象","対象",...]と指定できます[*17]。

　また、これらで常時不可視にするファイルやフォルダがある場合は、環境設定ファイルでも指定することができます。

> ヒント*17
> JSONの記述ルールについて。
> 詳しくは → P.29

- folder_exclude_patterns
  デフォルト：[".svn", ".git", ".hg", "CVS"]
- file_exclude_patterns
  デフォルト：["*.pyc", "*.pyo", "*.exe", "*.dll", "*.obj","*.o", "*.a", "*.lib", "*.so", "*.dylib", "*.ncb", "*.sdf", "*.suo", "*.pdb", "*.idb", ".DS_Store", "*.class", "*.psd", "*.db", "*.sublime-workspace"]

　これらのフォルダやファイルが非表示になると困る場合は、リストから除外する形で環境設定ファイルに記述する必要があります。

環境設定の上書き

　プロジェクトの設定で、環境設定ファイルの設定を上書きすることが可能です。設定の上書きの方法については前項を参照してください。前項で紹介したもの以外にプロジェクトに関連した設定をいくつか紹介します。常時設定する場合は環境設定側で対応しますが、プロジェクトごとに切り替えたい場合はこちらで設定します。

- preview_on_click
  デフォルト：true

　preview_on_clickをtrueに設定している場合、プロジェクトが開いている状態でファイル名をクリックするとファイルの内容が表示されます。この状態では

ファイルは開かれず、ダブルクリックするかファイルの編集を開始するとファイルが開かれた状態になります。また、Sublime Text 3パブリックベータ版では、2013年12月に公開されたBuild 3059から、画像ファイルのプレビューが表示されるようになっています。

図25 画像ファイルのプレビューを行っている状態（Sublime Text 3パブリックベータ版）

複数のディレクトリをプロジェクトとして扱う

　ここまでは単一のフォルダでプロジェクトを作成した場合で解説してきましたが、例えばWebアプリケーションでMVCフレームワークなどを利用する際に、フレームワークのルートフォルダからすべてをたどる形で進めると、ディレクトリ構造が深くなりすぎて作業がやりにくくなることがあります。そのような場合は、ルートフォルダを扱う形でなく、複数のディレクトリを1つのプロジェクトにすると作業がやりやすくなります。

　今回はPHPのZend Framework（http://framework.zend.com/）を例に複数のフォルダをプロジェクトとして登録してみます。作業の対象が、JavaScriptやCSSが存在するドキュメントルート、サーバサイドのプログラムを記述するコントローラー、テンプレートの存在するビューとした場合には 図26 のフォルダが対象になります（今回はZendSkeletonApplication[18]を一部改変してサンプルとして利用しています）。

> ヒント[18]
> https://github.com/zendframework/ZendSkeletonApplication

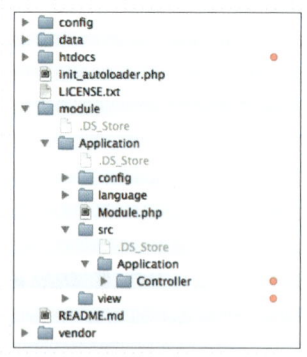

図26 Zend Frameworkのドキュメント構成（赤いラベルが付いているフォルダが対象）

　ここでルートフォルダではなく、対象のフォルダをSublime Textに取り込みます 図27 。

図27 それぞれのフォルダを取り込んだ状態

　この状態で[Project]メニューから[Save Project As]を選択してプロジェクトを保存します。ファイルの場所は任意ですが、今回はフレームワークのルートフォルダに保存します。これで複数のフォルダを単一のプロジェクトとして操作できるようになります。

　また、サイドバーにはデフォルトでフォルダ名が表示されていますが、同じフォルダ名や類似したフォルダ名が存在した場合ややこしくなってしまうので、プロジェクトの設定ファイルを利用して名称を変更することも可能です。今回の例では必要性は低いですが、名称変更を行う場合は次のようにプロジェクトの設定ファイルを編集します 図28 。

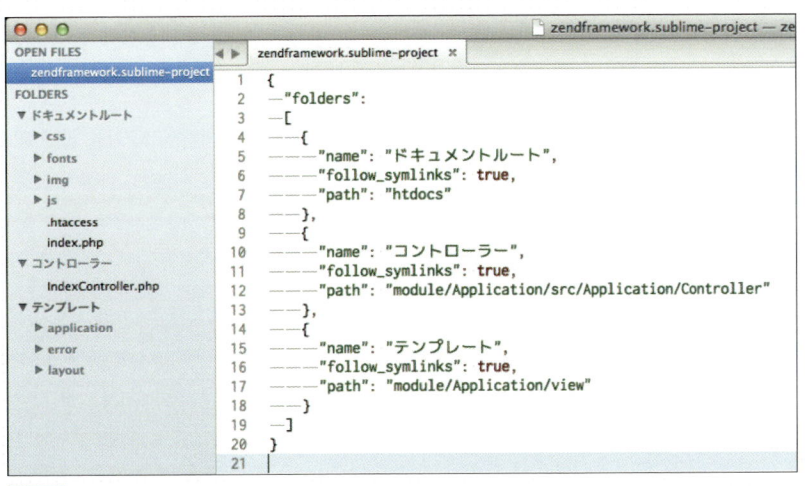

```json
{
    "folders":
    [
        {
            "name": "ドキュメントルート",
            "follow_symlinks": true,
            "path": "htdocs"
        },
        {
            "name": "コントローラー",
            "follow_symlinks": true,
            "path": "module/Application/src/Application/Controller"
        },
        {
            "name": "テンプレート",
            "follow_symlinks": true,
            "path": "module/Application/view"
        }
    ]
}
```

図28　名称変更を行った状態

また、不可視ファイルの設定などもディレクトリ単位で指定が行えます。

そのほかの機能

同一のウィンドウにタブが増えすぎると扱いづらいケースがあります。その場合はメニューの[Project]メニューから[New Workspace for Project]を選択して、新しいウィンドウでプロジェクトを展開します。また、開いているプロジェクト[*19]は、[Project]メニューから[Quick Switch Project]を選択するとダイアログボックスが表示されるので、すばやく切り替えることができます（ショートカットキー Mac は command + control + P、Windows は Ctrl + Alt + P）。

> **ヒント*19**
> [Project]→[Save Project As]で保存したプロジェクトに限ります。

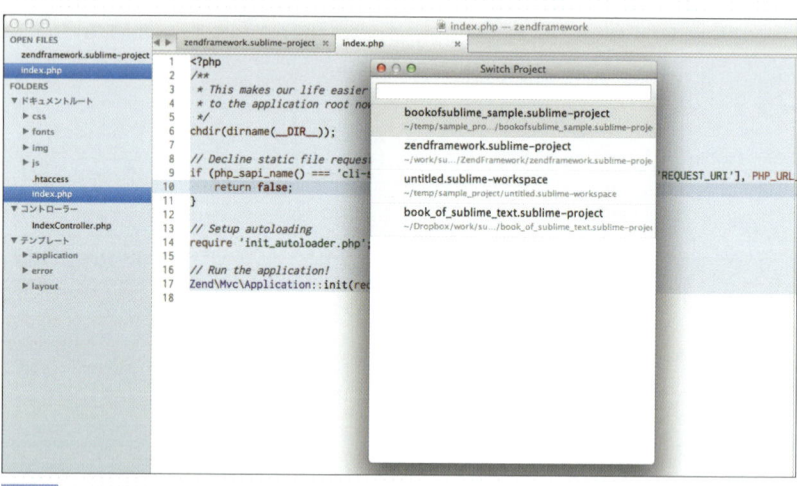

図29 プロジェクト選択のダイアログボックス

2-4 コード入力に役立つ機能

Sublime Textのもつコード入力に関連した機能とその利用方法を紹介します。いわゆるIDEと同様の機能が多いですが、WebサイトやWebアプリケーションを制作する点に重点が置かれているので、システム開発を想定しているIDEと同じ感覚で利用しようとすると見逃すものも少なくありません。そこでここではマークアップやLL言語を想定して解説します。

言語に特化したパッケージを導入する

　Sublime Textではデフォルトで一般的な言語に対するシンタックスハイライトやスニペット、コード補完など搭載されていますが、さらにパッケージを導入することでより充実した機能が利用できます。

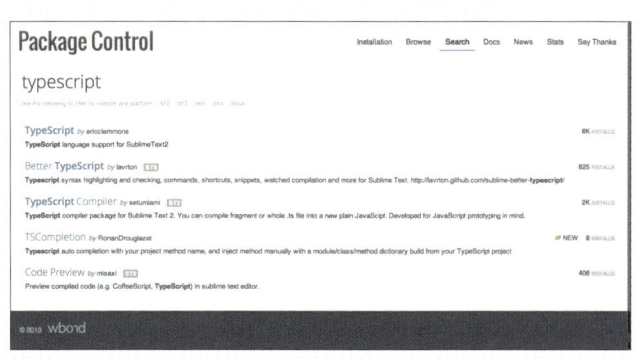

図30 パッケージ検索でaltJS言語の「TypeScript」を検索した画面。上の2つがシンタックスパッケージ

　とりあえず、扱う言語についてはデフォルトで対応している言語でも一度検索しておくと、さらに便利なパッケージが見つかることがあります。また、ライブラリやフレームワークの場合も、その名前で検索するとスニペット集などが入手できるケースも多いです。

シンタックスを指定する

> ヒント*20
>
> Sublime Textでいう「シンタックス」とは特定の言語のための設定のことです。

シンタックス[20]は基本的にファイルの拡張子などから自動的に判別されますが、手動で切り替えることも可能です。メニューでは[View]→[Syntax]で切り替えますが、command + shift + P（Windowsでは Ctrl + Shift + P）を押してコマンドパレットを呼び出して言語名を入力したほうが早いでしょう 図31。

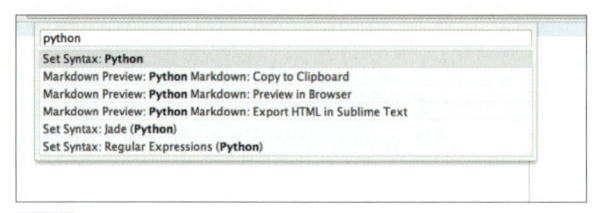

図31　コマンドパレットで「python」と入力した状態。シンタックスがここで選択できる

スニペット／コード補完を利用する

コードの入力時に役立つ機能としてよく利用されるのが、入力補完です。Sublime Textではユーザーが必要に応じて追加することを前提とした「スニペット」と、シンタックスの設定で定義される「コード補完」の2種類があります。設定方法は違いますが、使い方はほとんど同じです。

コード補完の場合

コード補完の場合は、関数やタグなどを途中まで入力した状態で control + space（Windowsでは Ctrl + Space）を押します。入力されている文字列から推測されるコードが表示されるので、↓↑で選んで Enter を押して入力します 図32。

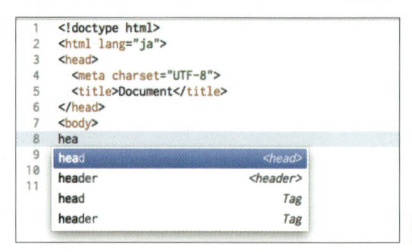

図32　補完候補が表示されている状態

スニペットの場合

　スニペットの場合は、トリガーとして登録されている文言を入力した後に[tab]を押すと展開されます。例としてimgと入力した後に[tab]を押した結果を見てみましょう 図33 図34 *21。

> **ヒント*21**
> パッケージなどをインストールするとスニペットの内容が変わることがあります。

```
1  <!doctype html>
2  <html lang="ja">
3  <head>
4    <meta charset="UTF-8">
5    <title>Document</title>
6  </head>
7  <body>
8  
9  img
10 </body>
11 </html>
12 
13 
```

→

```
1  <!doctype html>
2  <html lang="ja">
3  <head>
4    <meta charset="UTF-8">
5    <title>Document</title>
6  </head>
7  <body>
8  
9  <img src="|">
10 </body>
11 </html>
12 
13 
```

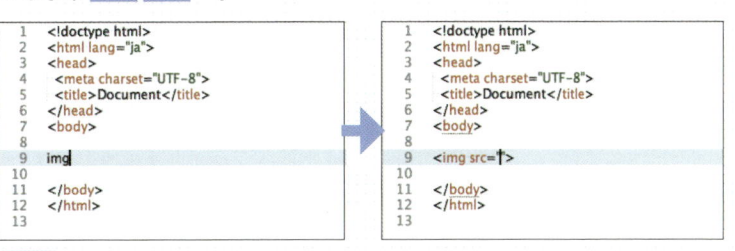

図33 imgと入力した状態で[tab]を押すとimgタグに変換されてsrcにキャレットが移動するので入力

```
1  <!doctype html>
2  <html lang="ja">
3  <head>
4    <meta charset="UTF-8">
5    <title>Document</title>
6  </head>
7  <body>
8  
9  <img src="img/logo.png">
10 </body>
11 </html>
12 
13 
```

→

```
1  <!doctype html>
2  <html lang="ja">
3  <head>
4    <meta charset="UTF-8">
5    <title>Document</title>
6  </head>
7  <body>
8  
9  <img src="img/logo.png">|
10 </body>
11 </html>
12 
13 
```

図34 入力が完了した時点で[tab]を押すとキャレットが末尾に移動する

　面倒なコードでもスニペットで非常にスムーズに入力できますね。

タブを入力したい場合

　スニペットの展開に[tab]が割り振られているため、入力中にタブを挿入する場合は[shift]+[tab]を押します。ただし、環境設定ファイルでshift_tab_unindentがtrueになっている場合はアンインデントされるので注意してください。

スニペットを作成する

　よく使われるスニペットの多くはパッケージであらかじめ定義されていますが、それらでカバーしきれないケースや、一般では利用されないような特殊なものに関しては、自分でスニペットを追加します。

　例として、Web制作でスマートフォンなどに対応するために、metaタグで

viewportを指定する必要がありますが、これをスニペットで対応できるように設定してみます。

❶ スニペット作成を開始する

［Tools］メニューから［New Snippet］を選択してスニペット設定ファイルを開きます。

❷ スニペットを登録する

開かれたスニペット設定ファイルを編集します。Sublime Textはさまざまな設定をJSON形式で記述しますが、スニペットの設定はXML形式になっているので注意してください。今回の例では下記のように編集しました。

```xml
<snippet>
    <content><![CDATA[<meta name="viewport" content="width=device-width, initial-scale=1.0">]]></content>
    <!-- Optional: Set a tabTrigger to define how to trigger the snippet -->
    <tabTrigger>viewportdef</tabTrigger>
    <!-- Optional: Set a scope to limit where the snippet will trigger -->
    <scope>text.html</scope>
</snippet>
```

それぞれのマークアップの意味は次のとおりです。

- **<content>〜</content>**
  スニペットで出力される内容です。改行も反映されるので注意してください。

- **<tabTrigger>〜</tabTrigger>**
  スニペットを呼び出すトリガーです。ここで指定した文字列を入力して tab を押すことで呼び出されます。ここが指定されない場合はコマンドパレットで呼び出します。

- **<scope>〜</scope>**
  対象の言語を指定します。ここに指定がない場合は、言語を問わず呼び出されます。今回はHTMLを対象にするので「text.html」を指定しています[*22]。

❸ スニペット設定ファイルを登録する

編集が終わったらファイルを保存します。保存場所はデフォルトでダイアログボックスに表示されるフォルダ（Packages/Userフォルダ）にしてください。また、拡張子として必ず.sublime-snippetを付ける必要があります。これで登録は完了です。Sublime Textを再起動する必要はありません。

ヒント*22
言語を指定する文字列の調べ方について。
詳しくは → P.76

❹ **動作を確認する**

それでは、HTMLシンタックス内で動作を確認してみましょう 図35 。

```
1   <!doctype html>
2   <html lang="ja">
3   <head>
4     <meta charset="UTF-8">
5     <title>Document</title>
6     viewportdef
7   </head>
8   <body>
9
10  </body>
11  </html>
```

```
1   <!doctype html>
2   <html lang="ja">
3   <head>
4     <meta charset="UTF-8">
5     <title>Document</title>
6     <meta name="viewport" content="width=device-width, initial-scale=1.0">
7   </head>
8   <body>
9
10  </body>
11  </html>
```

図35 スニペットのトリガーに設定した「viewportdef」を入力して tab を押してスニペットが変換された状態

プレースホルダを利用したスニペット

完全に定形ではなく一部の数値などが変わってくる場合は、スニペットの変換後に入力しやすいように設定が可能です。こちらもviewportを例にスニペットを作成してみます。Appleのサイトのように

```
<meta name="viewport" content="width=1024" />
```

としたり、initial-scaleを設定しないケース

```
<meta name="viewport" content="width=device-width">
```

を想定したスニペットを作成したりしてみます。

新しくスニペットを作成して次のように記述します。

```
<snippet>
    <content><![CDATA[<meta name="viewport" content="width=${1:device-width}">]]></content>
    <!-- Optional: Set a tabTrigger to define how to trigger the snippet -->
    <tabTrigger>viewport</tabTrigger>
    <!-- Optional: Set a scope to limit where the snippet will trigger -->
    <scope>text.html</scope>
</snippet>
```

${1:device-width}が入力を前提とした箇所で、プレースホルダとしてdevice-widthを設定しておきます。これで動作を確認してみましょう 図36 。

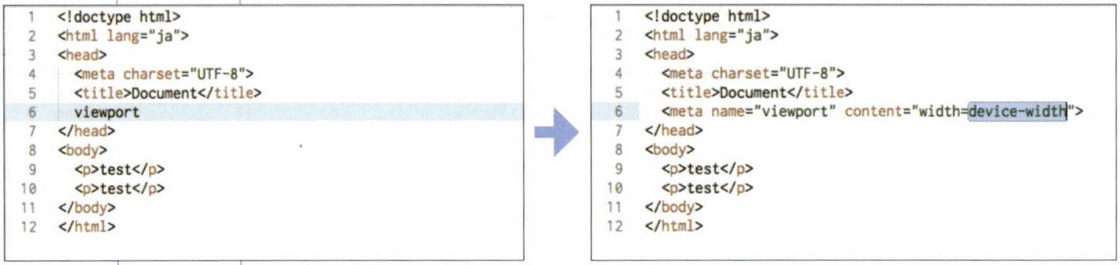

```
1  <!doctype html>
2  <html lang="ja">
3  <head>
4    <meta charset="UTF-8">
5    <title>Document</title>
6    viewport
7  </head>
8  <body>
9    <p>test</p>
10   <p>test</p>
11 </body>
12 </html>
```

➡

```
1  <!doctype html>
2  <html lang="ja">
3  <head>
4    <meta charset="UTF-8">
5    <title>Document</title>
6    <meta name="viewport" content="width=device-width">
7  </head>
8  <body>
9    <p>test</p>
10   <p>test</p>
11 </body>
12 </html>
```

図36 スニペットのトリガーに設定した「viewport」を入力し、tabを押すとスニペットが変換される

device-widthが選択された状態で変換されました。

この${1:〜}の記述は、${2:〜}`${3:〜}という感じに仕様上いくつでも追加できるので、複数設定してみます。スニペットの例で出したinitial-scale=1.0の部分もプレースホルダを利用して設定してみましょう。今作成したスニペットを編集する形で設定してみます。

先ほどの設定を編集してファイルを保存します。

```
    <content><![CDATA[<meta name="viewport" content="width=${1:device-width}">]]></content>
```

⬇

```
    <content><![CDATA[<meta name="viewport" content="width=${1:device-width}${2:, initial-scale=1.0}">]]></content>
```

これで動作を確認してみましょう 図37 。

```
 1  <!doctype html>
 2  <html lang="ja">
 3  <head>
 4    <meta charset="UTF-8">
 5    <title>Document</title>
 6    viewport
 7  </head>
 8  <body>
 9    <p>test</p>
10    <p>test</p>
```

スニペットのトリガーに設定した「viewport」を入力する

```
 1  <!doctype html>
 2  <html lang="ja">
 3  <head>
 4    <meta charset="UTF-8">
 5    <title>Document</title>
 6    <meta name="viewport" content="width=device-width, initial-scale=1.0">
 7  </head>
 8  <body>
 9    <p>test</p>
10    <p>test</p>
```

tabを押すとスニペットが変換された

```
 1  <!doctype html>
 2  <html lang="ja">
 3  <head>
 4    <meta charset="UTF-8">
 5    <title>Document</title>
 6    <meta name="viewport" content="width=device-width, initial-scale=1.0">
 7  </head>
 8  <body>
 9    <p>test</p>
10    <p>test</p>
```

「device-width」が選択された状態で「1024」と入力する

```
 1  <!doctype html>
 2  <html lang="ja">
 3  <head>
 4    <meta charset="UTF-8">
 5    <title>Document</title>
 6    <meta name="viewport" content="width=1024, initial-scale=1.0">
 7  </head>
 8  <body>
 9    <p>test</p>
10    <p>test</p>
```

tabを押してフォーカスを移動する

```
 1  <!doctype html>
 2  <html lang="ja">
 3  <head>
 4    <meta charset="UTF-8">
 5    <title>Document</title>
 6    <meta name="viewport" content="width=1024">
 7  </head>
 8  <body>
 9    <p>test</p>
10    <p>test</p>
```

delete / BackSpaceを押して
「, initial-scale=1.0」を削除する

図37 複数のプレースホルダをもつスニペット

もう1つプレースホルダを利用した例を紹介します。CSSの呼び出しで、サイトのCSSとは別にNormalize.css（http://necolas.github.io/normalize.css/）などを利用することがあります。CSSの結合などを行わない場合は、

```
<link rel="stylesheet" href="css/normalize.css">
<link rel="stylesheet" href="css/main.css">
```

という形で記載されることが多いですが、CSSのディレクトリやサイトのCSSは場合によって変わります。そのあたりを踏まえてプレースホルダを利用したスニペットを作成してみましょう。

```
<snippet>
    <content><![CDATA[
<link rel="stylesheet" href="${1:css}/normalize.css">
<link rel="stylesheet" href="${1:css}/${2:main}.css">]]></content>
    <!-- Optional: Set a tabTrigger to define how to trigger the snippet -->
    <tabTrigger>csswithnormalize</tabTrigger>
    <!-- Optional: Set a scope to limit where the snippet will trigger -->
    <scope>text.html</scope>
</snippet>
```

インデントに注意してください。挿入されるコードに改行が含まれる場合は自動的にインデントされますが、スニペット設定中に入っているインデントがさらに追加されるので、下がりすぎてしまいます。ですので、スニペット設定中ではインデントを入れないのが基本です。<![CDATA[の直後の改行は反映されません。

また、今回の設定では${1:css}が2つありますが、このようにしておくとスニペット変換時に自動的に複数選択した状態になります 図38 。

```
1  <!doctype html>
2  <html lang="ja">
3  <head>
4    <meta charset="UTF-8">
5    <title>Document</title>
6    <meta name="viewport" content="width=1024">
7    csswithnormalize
8  </head>
9  <body>
10   <p>test</p>
11   <p>test</p>
12 </body>
```

スニペットのトリガーに設定した「csswithnormalize」を入力した状態

```
1  <!doctype html>
2  <html lang="ja">
3  <head>
4    <meta charset="UTF-8">
5    <title>Document</title>
6    <meta name="viewport" content="width=1024">
7    <link rel="stylesheet" href="css/normalize.css">
8    <link rel="stylesheet" href="css/main.css">
9  </head>
10 <body>
11   <p>test</p>
12   <p>test</p>
```

tab を押してスニペットが変換された状態

```
 1  <!doctype html>
 2  <html lang="ja">
 3  <head>
 4      <meta charset="UTF-8">
 5      <title>Document</title>
 6      <meta name="viewport" content="width=1024">
 7      <link rel="stylesheet" href="asset/css/normalize.css">
 8      <link rel="stylesheet" href="asset/css/main.css">
 9  </head>
10  <body>
11      <p>test</p>
12      <p>test</p>
```
CSSのディレクトリを変更する

```
 1  <!doctype html>
 2  <html lang="ja">
 3  <head>
 4      <meta charset="UTF-8">
 5      <title>Document</title>
 6      <meta name="viewport" content="width=1024">
 7      <link rel="stylesheet" href="asset/css/normalize.css">
 8      <link rel="stylesheet" href="asset/css/main.css">
 9  </head>
10  <body>
11      <p>test</p>
12      <p>test</p>
```
tabを押してフォーカスを移動する

```
 1  <!doctype html>
 2  <html lang="ja">
 3  <head>
 4      <meta charset="UTF-8">
 5      <title>Document</title>
 6      <meta name="viewport" content="width=1024">
 7      <link rel="stylesheet" href="asset/css/normalize.css">
 8      <link rel="stylesheet" href="asset/css/style.css">
 9  </head>
10  <body>
11      <p>test</p>
12      <p>test</p>
```
CSSのファイル名を変更する

図38　2カ所のCSSを設定するスニペット

コード補完の編集

　Sublime Textでは、パッケージがもっている設定ファイルを編集することでコード補完の機能をカスタマイズできます。ただし、Sublime Text 3のベータ版ではデフォルトで搭載されているパッケージに関してはユーザーが容易に編集できる状態ではない（2014年2月現在）ので、まずはSublime Text 2での編集方法を紹介します。

　例として、PHPのmb_strimwidth関数がコード補完では

```
mb_strimwidth(str, start, width)
```

という変換になっているので、

```
mb_strimwidth(str, start, width, "trimmarker")
```

という変換になるように編集を行います。

Sublime Text 2の場合

まずは、[Preferences]メニューから[Browse Packages]を選択し、該当するパッケージのフォルダを確認します。コード補完の設定ファイルは*.sublime-completionsという形式なので、PHPフォルダの中のPHP.sublime-completionsというファイルを開きます 図39 。

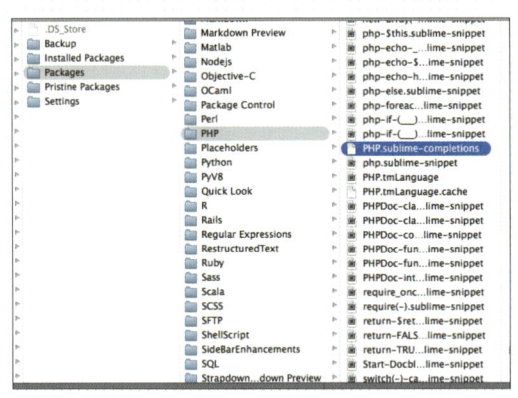

図39 PHP.sublime-completionsの位置

ファイルを開くとJSON形式の設定ファイルとなっているので、mb_strimwidthで検索して該当の設定部分を探し出します。

```
{ "trigger": "mb_strimwidth", "contents": "mb_strimwidth(${1:str}, ${2:start}, ${3:width})" },
```

これを編集して、変換後の出力を調整します。

```
// { "trigger": "mb_strimwidth", "contents": "mb_strimwidth(${1:str}, ${2:start}, ${3:width})" },
{ "trigger": "mb_strimwidth", "contents": "mb_strimwidth(${1:str}, ${2:start}, ${3:width}, \"${4:trimmarker}\")" },
```

これで保存すれば完了です。再起動などは必要ありません。

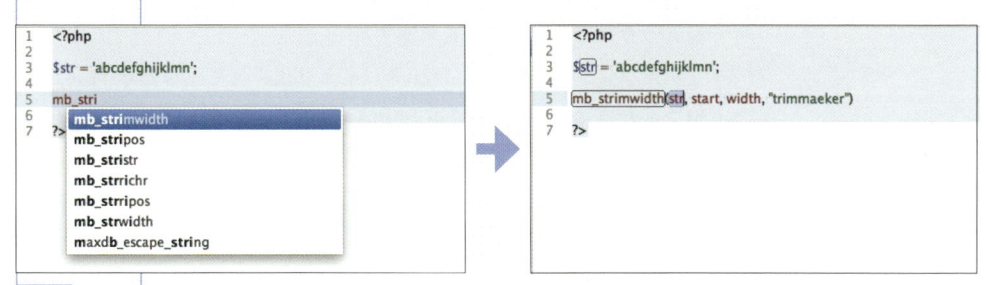

図40 コード補完を利用してmb_strimwidthを入力すると意図どおりに変換された

Sublime Text 3の場合

Sublime Text 3にデフォルトで搭載されているパッケージについては、下記の手順で編集が可能です。Sublime Text 2のときと同じ編集を行う前提で解説します。この作業は一応Sublime Text 3を閉じた状態で行ってください。

❶ パッケージファイルのコピー

アプリケーションディレクトリから該当のパッケージのファイルをコピーします 図41。

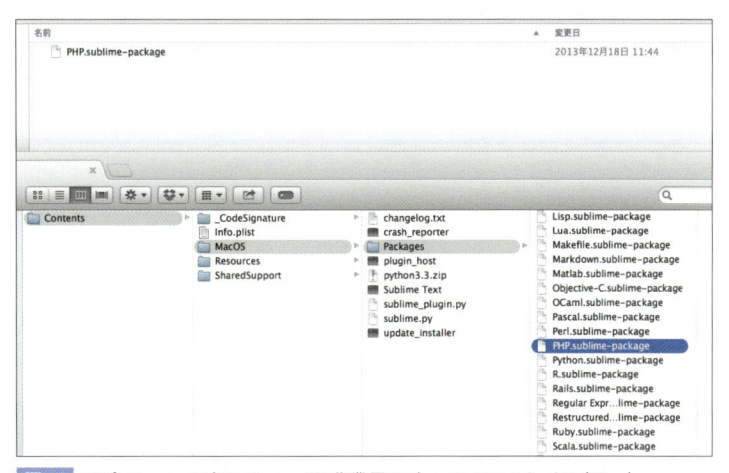

図41 アプリケーション内のパッケージを作業用のディレクトリにコピーする（Mac）

Macではアプリケーションディレクトリの「/Contents/MacOS/Packages」、Windowsでは「C:¥Program Files¥Sublime Text 3¥Packages」よりPHP.sublime-packageをコピーします。

❷ **パッケージのファイルを解凍する**

　パッケージのファイルはtarでバイナリ化されているので、tarが利用できる環境であれば、tar xvf PHP.sublime-packageというコマンドで展開できますが、拡張子を.zipに変えてZIPファイルとして展開もできます 図42 。

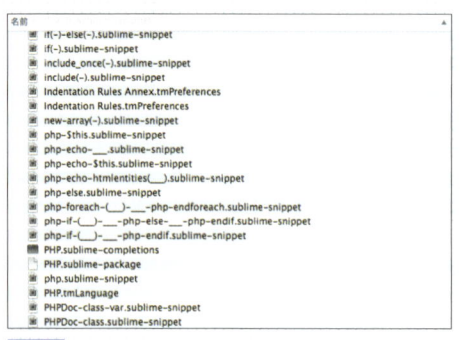

図42　パッケージファイルを展開した状態（一部）

❸ **ファイルを編集する**

　Sublime Text 2のときと同様にPHP.sublime-completionsファイルを編集します。

❹ **ユーザーパッケージフォルダを開く**

　［Preferences］メニューから［Browse Packages］を選択してパッケージフォルダを開きます。

❺ **パッケージのフォルダを作成し、編集したファイルを配置する**

　開いたPackagesフォルダの中にPHPというフォルダを新規で作成します。その中に編集したPHP.sublime-completionsファイルを配置します 図43 。

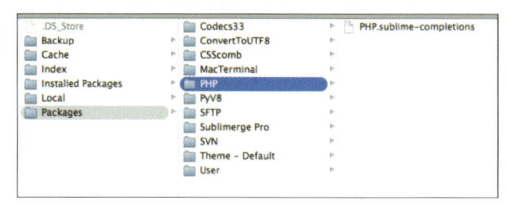

図43　ファイルを配置する(Mac)

> **ヒント[23]**
> ここに書いた方法以外にも、「PackageResourceViewer」(https://github.com/skuroda/PackageResourceViewer)を利用すれば変更がもう少し手軽に行えます。

　これでSublime Text 3でも同様の編集が行えるようになります[23]。

Sublime Text 3で強化されたGoto

基本機能でも解説したGoto[24]ですが、Sublime Text 3ではプロジェクトで利用できる機能が大幅に強化されています。マークアップやプログラミングを行う上で非常に強力な機能となるでしょう。

Goto Symbol in Project

「Goto Symbol in Project」は個々のファイルを開くことなく、プロジェクト内のファイルを対象にGoto Symbolを実行する機能です。プロジェクト内のどこかのファイルにある定義や関数を、簡単に探し出せます。

例として、まずはHTMLの編集中にCSSで定義しているclassを参照してみましょう。HTMLファイルを開いた状態で[Goto]メニューから[Goto Symbol in Project]を選択し、class名を入力していくと、CSSファイルを開いていない状態でもプロジェクトファイル内のCSSから定義部分を呼び出せます 図44 図45 。

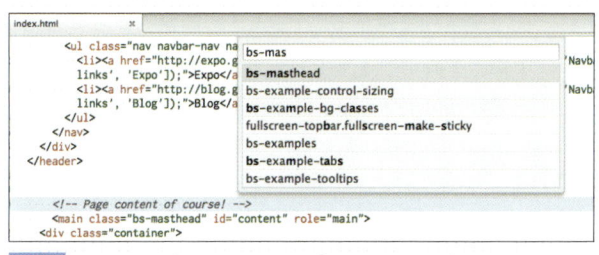

図44 HTML中で使われているclass「bs-masthead」を入力

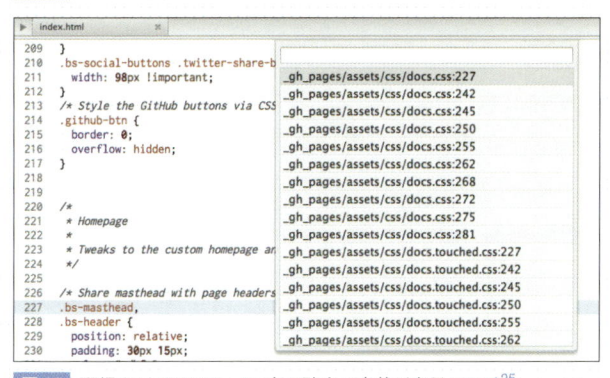

図45 選択するとCSSファイル内の該当の定義が表示される[25]

プログラミングではプロジェクト内の関数の定義やクラスなどを参照することができます 図46 。

ヒント[24]

Gotoについて。
詳しくは → P.67

ヒント[25]

このソースはBootstrapを一部改変してビルドしたものです。

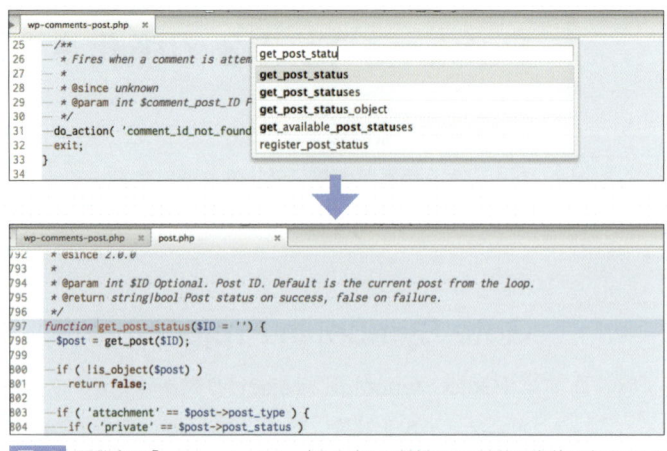

図46 関数名の「get_post_status」を入力して選択すると関数の定義が表示される

Goto Definition

さらに強力な機能を提供するのはGoto Definitionです。GoTo Symbole in Projectではclass名や関数名を入力する必要がありましたが、こちらは編集画面で文字列を選択し、[Goto]メニューから[Goto Definition]を選択するだけで定義を表示できます*26。

先ほどの例でGoto Definitionを活用してみます図47。

> **ヒント*26**
> Goto Definitionのショートカットキーは command + option + ↓ (Windowsでは F12)です。

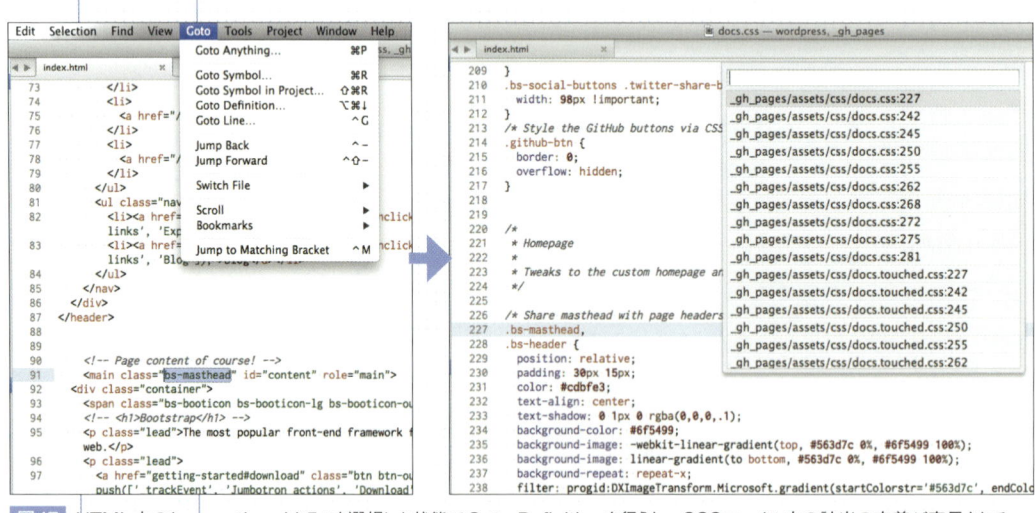

図47 HTML中のbs-mastheadクラスを選択した状態でGoto Definitionを行うと、CSSファイル内の該当の定義が表示される

②-5 HTML / CSSに役立つ機能

ここでは、HTMLやCSSの記述に役立つ機能を紹介します。フロントエンドに携わる人でSublime Textの人気が高いのは比較的軽量のエディタである一方で、マークアップに関するサポートが強いことが大きな要因に挙げられるでしょう。

パッケージの活用を前提に

この章では標準機能を中心に解説していますが、HTMLやCSSに関しては必須ともいえるパッケージが数多く存在します。ですので、実際にSublime Textをマークアップなどで活用している人はそういったパッケージを活用することが前提となっています。

いくつか人気の高いパッケージをリストアップするので、詳細はパッケージの紹介ページを参照してください。

- Emmet：Zen Codingの後継で、HTMLのマークアップやCSSの記述などを手早く行える（P.189参照）
- Hayaku：CSSのショートハンドの入力に特化したパッケージ（P.199参照）
- AutoFileName：imgタグのsrc属性などの入力補助を行う。width / heightの入力まで行ってくれる（P.202参照）

ほかにもいろいろありますが、上記をはじめとしたパッケージ群の利用が、Sublime Textでマークアップしていく上でより有効な活用につながります。

Sublime Text 自体の機能

このような前提条件を示した上で、パッケージとは別にSublime Text自体のもつ機能でHTMLやCSSの記述に役立つものを紹介していきます。ここで紹介したものはパッケージを導入すると動作が変わるものなども含まれるので、記述どおりの動作にならない場合は、パッケージとの関連を調べてください。

スニペット・コード補完

HTMLとCSSに関してはデフォルトで言語パッケージを搭載しているので、特に事前の準備なくスニペットやコード補完を利用できます。例えばhtmlと入力した後に tab を押すと、HTMLの基本的な構成に変換されます 図48 。

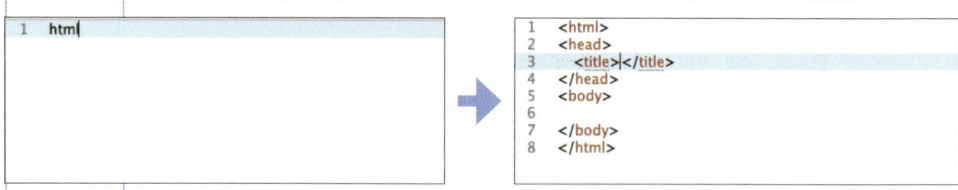

図48 「html」と入力した状態で tab を押すと、HTMLの基本形に変換される

変換結果の調整などについては、前項で触れたスニペットやコード補完の編集方法を参照してください。

HTMLの入力サポート

[Edit]メニューの[Tag]サブメニューから、HTMLタグの入力のサポートが利用できます。

- **Close Tag**

  (Mac) command + option + . 、(Windows) Alt + .
  終了タグを入力します。

- **Expand Selection to Tag**

  (Mac) command + shift + A 、(Windows) Ctrl + Shift + A
  タグの中身を選択します。また、タグに子要素がある状態で親要素で実行すると子要素を含めて選択します。

● **Wrap Selection With Tag**

（Mac）control + shift + W、（Windows）Alt + Shift + W

選択した文字列をタグでラッピングします。

Close Tagは名前のとおりの機能なので、それ以外の動作を見てみましょう。Expand Selection To Tagはタグで囲まれた内容をすばやく選択できます 図49 〜 図51 。

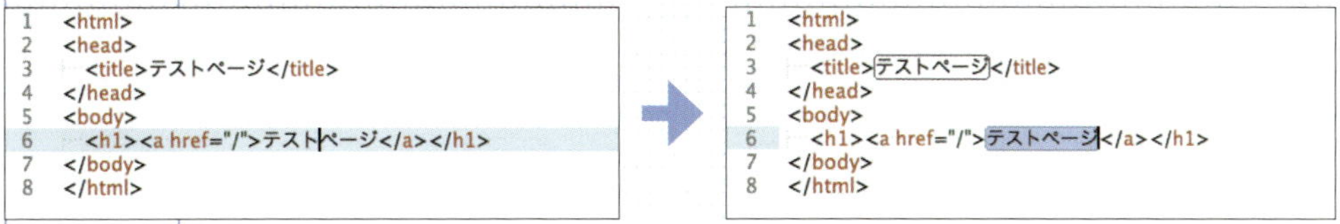

```
1  <html>
2    <head>
3      <title>テストページ</title>
4    </head>
5    <body>
6      <h1><a href="/">テストページ</a></h1>
7    </body>
8  </html>
```

```
1  <html>
2    <head>
3      <title>テストページ</title>
4    </head>
5    <body>
6      <h1><a href="/">テストページ</a></h1>
7    </body>
8  </html>
```

図49 キャレットがタグ内のテキストにある状態でExpand Selection To Tagを行うと中の文字列が選択される

```
1  <html>
2    <head>
3      <title>テストページ</title>
4    </head>
5    <body>
6      <h1><a href="/">テストページ</a></h1>
7    </body>
8  </html>
```

```
1  <html>
2    <head>
3      <title>テストページ</title>
4    </head>
5    <body>
6      <h1><a href="/">テストページ</a></h1>
7    </body>
8  </html>
```

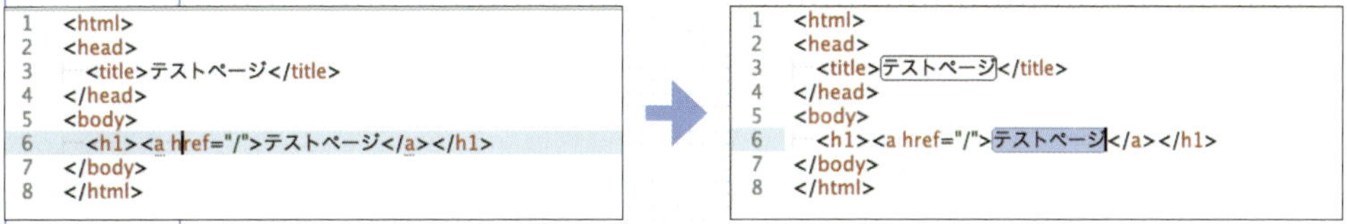

図50 キャレットがタグに存在する場合も中の文字列が選択される

```
1  <html>
2    <head>
3      <title>テストページ</title>
4    </head>
5    <body>
6      <h1><a href="/">テストページ</a></h1>
7    </body>
8  </html>
```

```
1  <html>
2    <head>
3      <title>テストページ</title>
4    </head>
5    <body>
6      <h1><a href="/">テストページ</a></h1>
7    </body>
8  </html>
```

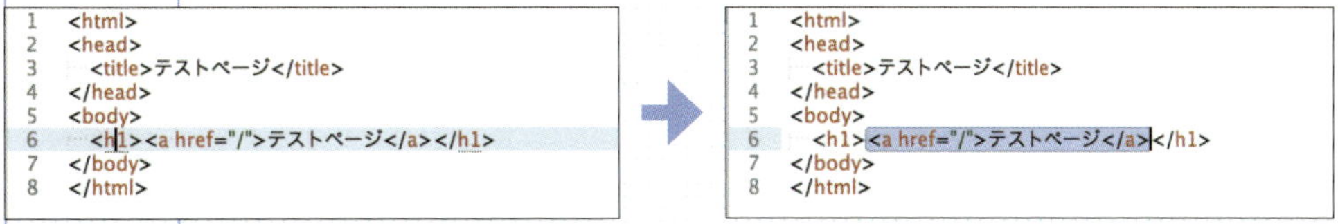

図51 キャレットが子要素をもつタグにあると子要素も含めて選択される

続いてWrap Selection With Tagの動作です。こちらは選択したテキストをタグで囲むことができます 図52 図53 。

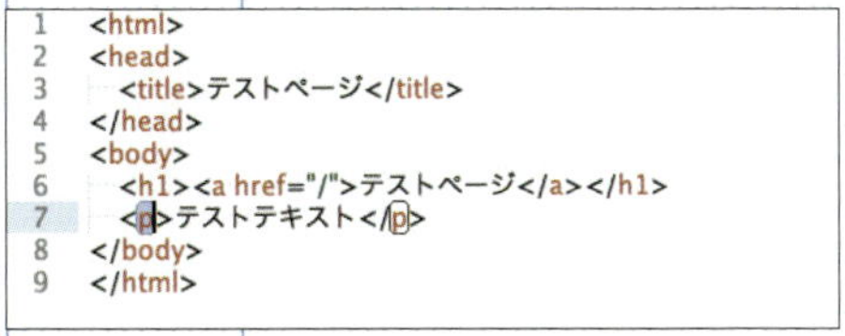

```
1  <html>
2    <head>
3      <title>テストページ</title>
4    </head>
5    <body>
6      <h1><a href="/">テストページ</a></h1>
7      <p>テストテキスト</p>
8    </body>
9  </html>
```

```
1  <html>
2    <head>
3      <title>テストページ</title>
4    </head>
5    <body>
6      <h1><a href="/">テストページ</a></h1>
7      <h2>テストテキスト</h2>
8    </body>
9  </html>
```

図52 文字列を選択した状態でWrap Selection With Tagを行うとpタグで囲まれる

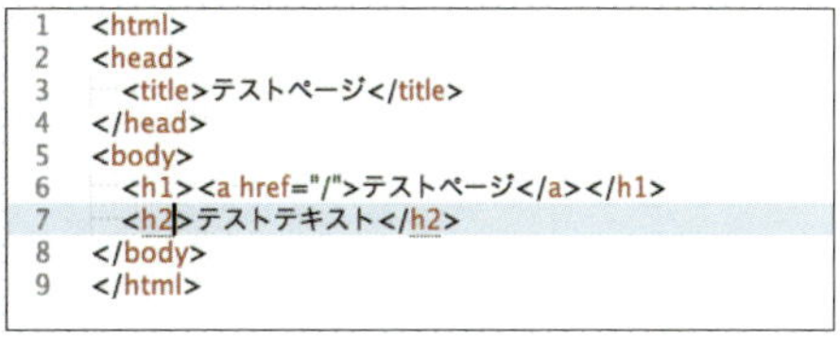

図53 pタグが選択されているので、そのままの状態で別のタグを入力すると反映される

2-6 プログラミングに役立つ機能

Sublime Textはプログラミングのサポートの機能も存在します。ここではWeb制作に利用されることが多いLL言語やJavaScriptなどを想定して解説します。

プログラミング向けの入力補助

マークアップではHTMLのタグに適した選択機能がありましたが、今度はプログラミングで役立つ選択機能を紹介しましょう。これらは[Selection]メニューの中の機能ですが、ショートカットキーで覚えてしまうと便利です。

- **Expand Selection to Scope**

(Mac) command + shift + space、(Windows) Ctrl + Shift + space

スコープ単位で選択範囲を拡大していきます。例えばキャレットがクオート（"、'など）の中にあれば、その中身→クオート自体を含む→クオートを内包しているスコープ（ブラケットなど）というように選択を拡大していきます 図54 。

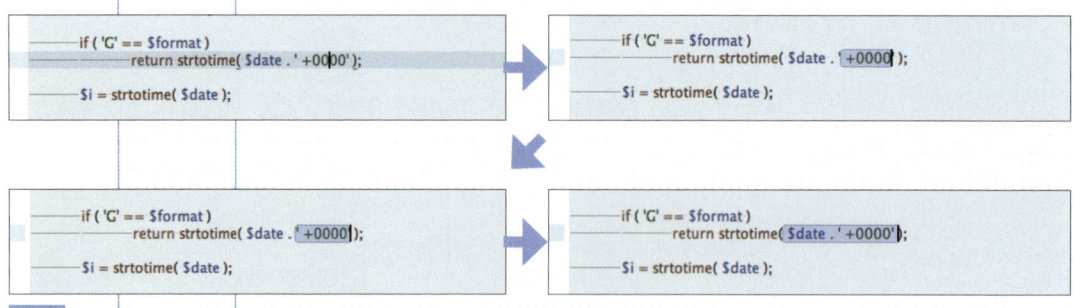

図54 Expand Selection To Scopeによるスコープ単位での選択拡大の例

- **Expand Selection to Brackets**

(Mac) control + shift + M、(Windows) Ctrl + Shift + M

ブラケット（カッコ）の単位で選択を拡大します。動作はスコープ単位の拡大と同様ですが、ブラケット（カッコ）を基準に行います。

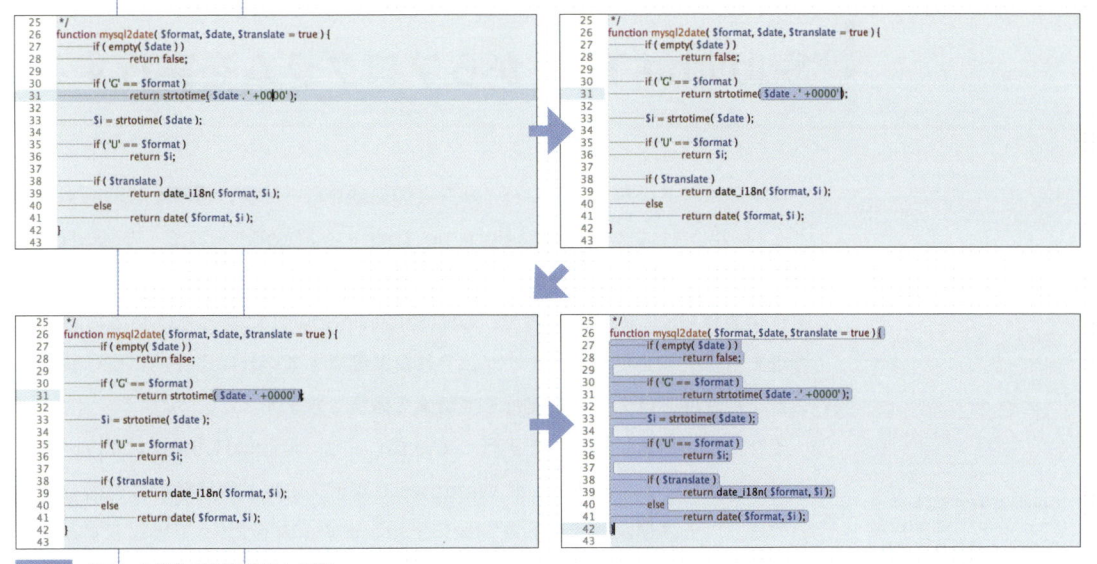

図55 ブラケット単位での選択拡大の例

- **Expand Selection to Indentation**

  (Mac) command + shift + J 、(Windows) Ctrl + Shift + J

  インデントの単位で選択範囲を拡大します。

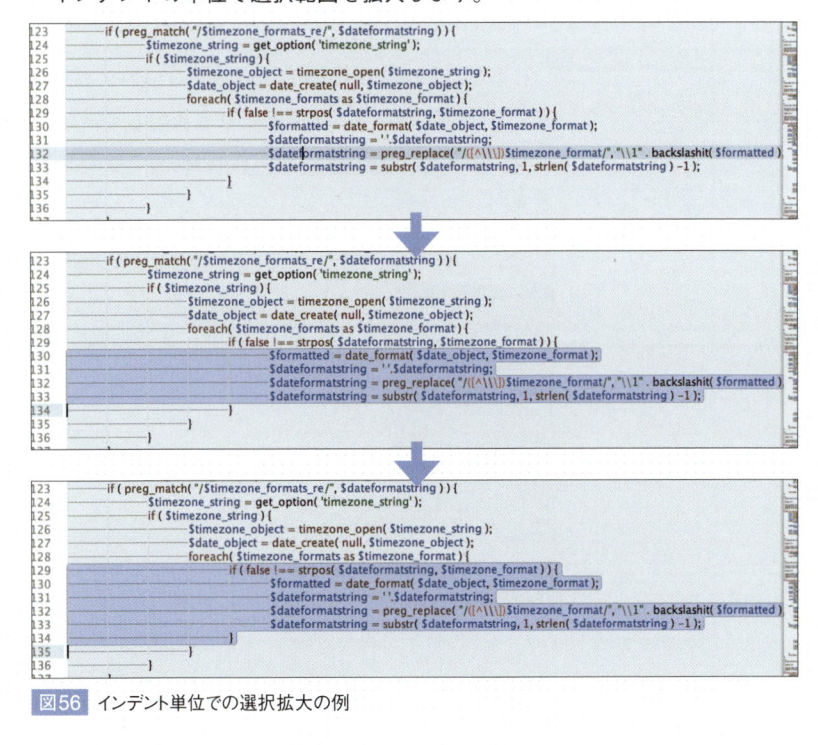

図56 インデント単位での選択拡大の例

Sublime Text からプログラムを実行する

ソースコードに対してコンパイルなどの処理を行って実行可能な状態にすることを「ビルド」といいますが、Sublime Text では [Tools] メニューの [Build] を選択すると、編集中のソースコードの実行などを行うことができます。各言語の実行環境はOSに依存するので、OS（特にWindows）によっては必要に応じて環境を用意する必要がありますが、それが準備できていればCLI[*27]に切り替えることなく直接プログラムを実行して結果を確認できます。

それでは、簡単にビルドを実行してみましょう。今回はPython[*28]の短いプログラムを例にします。ただし、Windowsではデフォルトの状態では利用できないので、以下はMacやLinuxを対象に例示します。Windowsでビルドする方法については、次節の「ビルドの対象を追加する」を参照してください。

まず、Sublime Textで簡単なプログラムを書きます。

```python
import random
print random.choice(['Windows', 'Mac', 'Linux'])
```

これはWindows、Mac、Linuxの3つの文字列のいずれかをランダムで出力するというプログラムです。これを入力して保存した後に、[Tools] → [Build] を選択するか、command ＋ B（Windowsでは Ctrl ＋ B）を押してビルドを実行します。

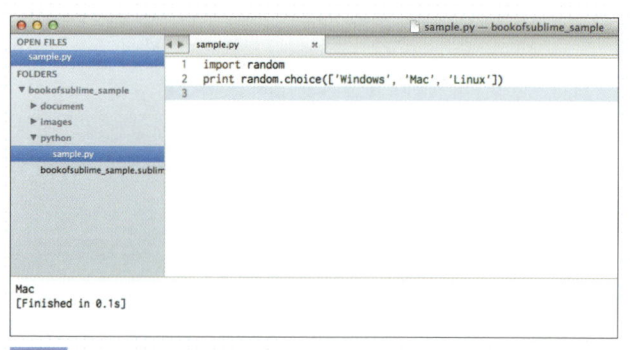

図57 ビルドの実行結果

> **ヒント*27**
> CLI（Command Line Interface）とは、文字のコマンドで実行するインターフェースのことです。具体的にはターミナルやコマンドプロンプトを指します。

> **ヒント*28**
> Sublime Text ではパッケージの作成などにPythonを使用しており、その実行環境が内蔵されています。

ビルドの対象を追加する

　Sublime Textにデフォルトで実行環境が入っていない言語でも、コマンドラインで実行できる環境が整っていれば、ビルドの対象として追加できます。今回はPHPのビルド環境を追加してみましょう。PHPの実行環境はOSにインストール済みとして解説します。
　[Tools]メニューから[Build System]→[New Build System]を選択すると、ビルドの設定ファイルが開きます。そこに下記のように入力して保存します。

```
{
  "cmd": ["php", "$file"],
  "selector": "source.php"
}
```

　cmdの内容は、CLIで実行するときのコマンドと、対象のファイルを示す$fileです。selectorは言語を表すスコープです。これを保存したら、PHPのプログラムを書いてビルドを実行してみましょう。

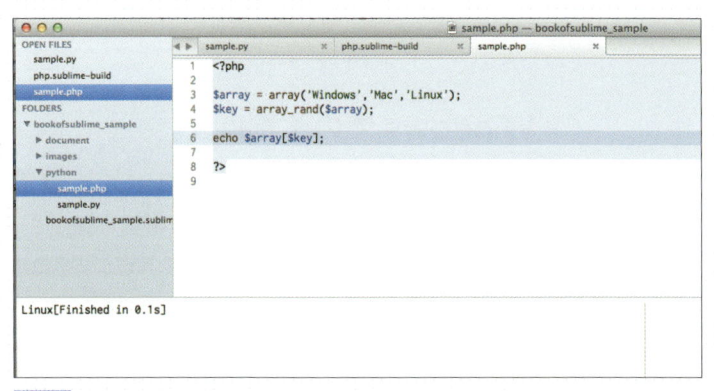

図58　PHPのビルド結果

　実行結果が確認できました。
　ただし、PHPの場合はWebサーバでの実行を前提としたものが多いので、Sublime Textで結果を見てもあまり意味がありません。Sublime Textではコードにエラーがないかを確認するのみとし、そこで問題がなければWebサーバに反映するというフローを前提として、Sublime TextでPHPの文法のチェックのみを行うように設定してみましょう。

先ほど作成した設定ファイルを下記のように編集します。

```
{
  "cmd": ["php", "-l" ,"$file"],
  "selector": "source.php"
}
```

これで準備完了です。それではチェックを行ってみます。

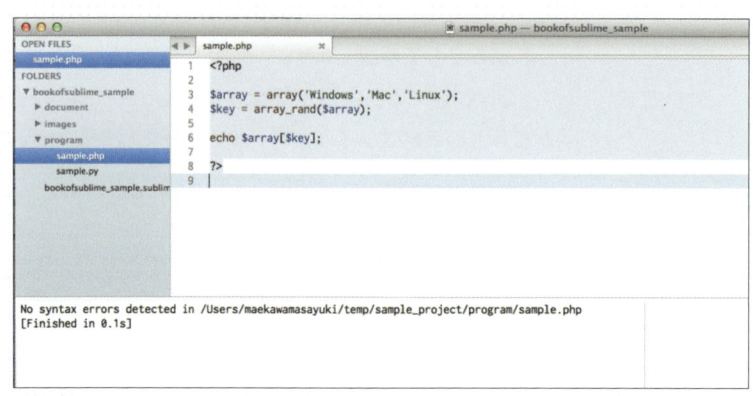

図59 PHPの文法チェックの結果

　これで、単純な文法エラーの可能性を除外して、サーバでの実行確認が可能となりました。

Windowsでの注意点

　Windowsの場合、基本的にビルドはそのまま利用できないと思ったほうがいいでしょう。さまざまな言語の実行環境が整っているMacやLinuxとは違い、実行環境をインストールしていくところから行う必要があります。ここでは各言語の実行環境が準備できている状態として解説します。

　では、ビルドの例の冒頭で利用されたPythonのビルドを行ってみます。まず、ビルドの設定を編集する必要があるので、Sublime Text 2では[Preferences]メニューから[Browse Package]を選択して、Pythonのパッケージフォルダ内のPython.sublime-buildというファイルを開き、次のように編集（追記）します。Sublime Text 3では、99ページの「コード補完の編集」と同様の手順で編集と配置を行ってください。

```
{
  "cmd": ["python", "-u", "$file"],
  "file_regex": "^[ ]*File \"(...*?)\", line ([0-9]*)",
  "selector": "source.python",
  "windows":
  {
    "encoding": "cp932",
    "path": "C:/Python27"
  }
}
```

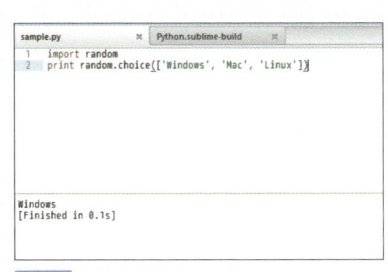

図60 Windowsでのビルド結果

　pathの設定がありますが、Windowsの環境変数でPythonにパスを設定していたとしても記述する必要があります。また、日本語を扱う場合は、標準出力のエンコードは下記のように指定する必要があります。

```
sys.stdout = codecs.getwriter('cp932')(sys.stdout)
```

図61 日本語を扱うWindowsでのビルド結果

パッケージを利用したビルド

　パッケージを利用すれば、プログラムを実行する以外にもさまざまな処理が行えます。CoffeeScriptなどのaltJS言語、SassやLESSなどのCSSプリプロセッサーのコンパイルや、いわゆるミニファイ[*29]などが行えます。

> **ヒント*29**
> ミニファイとはコードから実行に不要な部分を削ってファイルサイズを小さくすることです。

ログファイルやデータファイルを処理する

プログラミングとは直接関係ありませんが、テキストベースのデータファイルなどであれば、[Edit] メニューからソートなどの機能が利用できます。

- **Sort Lines：各行のソートを行う**
- **Sort Lines(Case Sensitive)：各行のソートを行う（大文字小文字を区別）**
- **Permute Lines → Reverse：ファイル内の各行の順番を逆にする**
- **Permute Lines → Unique：重複行を削除する**
- **Permute Lines → Shuffle：各行をランダムにシャッフルする**
- **Permute Selections：これらの各機能を選択した範囲内で行う**

それでは、これらの機能の活用例として、サーバのログを整理してみましょう。サンプルとして、実際に運用しているWebサーバのログを用意しました（IPアドレスは変更しています）。このログの中からトラックバックへのアクセスを抽出してみます。

```
192.168.128.132 - - [26/Jan/2014:04:03:22 +0900] "GET /2007/10/links-for-20071001.html HTTP/1.1" 404 418
192.168.128.132 - - [26/Jan/2014:04:03:23 +0900] "POST /2007/10/links-for-20071001.html/trackback/ HTTP/1.1" 200 131
192.168.128.132 - - [26/Jan/2014:04:04:53 +0900] "GET /2007/12/perl.html HTTP/1.1" 404 418
192.168.128.132 - - [26/Jan/2014:04:04:54 +0900] "POST /2007/12/perl.html/trackback/ HTTP/1.1" 200 131
192.168.102.9 - - [26/Jan/2014:04:06:27 +0900] "GET /rss2.xml HTTP/1.1" 200 1510
192.168.128.132 - - [26/Jan/2014:04:07:40 +0900] "GET /2009/06/links-for-20090605.html HTTP/1.1" 404 418
192.168.128.132 - - [26/Jan/2014:04:07:40 +0900] "POST /2009/06/links-for-20090605.html/trackback/ HTTP/1.1" 200 131
192.168.128.132 - - [26/Jan/2014:04:07:41 +0900] "GET /2007/11/links-for-20071109.html HTTP/1.1" 404 418
192.168.32.60 - - [26/Jan/2014:04:07:41 +0900] "GET /robots.txt HTTP/1.1" 404 418
192.168.128.132 - - [26/Jan/2014:04:07:41 +0900] "POST /2007/11/links-for-20071109.html/trackback/ HTTP/1.1" 200 131
192.168.74.61 - - [26/Jan/2014:04:08:14 +0900] "GET /tag/iOS/ HTTP/1.1" 200 5520
192.168.32.60 - - [26/Jan/2014:04:08:49 +0900] "GET / HTTP/1.1" 200 6201
192.168.102.9 - - [26/Jan/2014:04:16:36 +0900] "GET /rss2.xml HTTP/1.1" 200 1510
192.168.128.132 - - [26/Jan/2014:04:21:02 +0900] "GET /2008/12/links-for-20081226.html HTTP/1.1" 404 418
192.168.128.132 - - [26/Jan/2014:04:21:02 +0900] "POST /2008/12/links-for-20081226.html/trackback/ HTTP/1.1" 200 131
192.168.128.132 - - [26/Jan/2014:04:22:34 +0900] "GET /2009/03/links-for-20090311.html HTTP/1.1" 404 418
192.168.128.132 - - [26/Jan/2014:04:22:34 +0900] "POST /2009/03/links-for-20090311.html/trackback/ HTTP/1.1" 200 131
192.168.128.132 - - [26/Jan/2014:04:22:42 +0900] "GET /2008/02/links-for-20080220.html HTTP/1.1" 404 418
192.168.128.132 - - [26/Jan/2014:04:22:43 +0900] "POST /2008/02/links-for-20080220.html/trackback/ HTTP/1.1" 200 131
192.168.128.132 - - [26/Jan/2014:04:26:30 +0900] "GET /2008/07/links-for-20080630.html HTTP/1.1" 404 418
192.168.128.132 - - [26/Jan/2014:04:26:30 +0900] "POST /2008/07/links-for-20080630.html/trackback/ HTTP/1.1" 200 131
192.168.102.9 - - [26/Jan/2014:04:26:51 +0900] "GET /rss2.xml HTTP/1.1" 200 1510
192.168.128.132 - - [26/Jan/2014:04:27:06 +0900] "GET /2008/03/links-for-20080306.html HTTP/1.1" 404 418
192.168.128.132 - - [26/Jan/2014:04:27:06 +0900] "POST /2008/03/links-for-20080306.html/trackback/ HTTP/1.1" 200 131
192.168.155.168 - - [26/Jan/2014:04:32:58 +0900] "GET /rss2.xml HTTP/1.1" 200 1510
192.168.102.9 - - [26/Jan/2014:04:37:15 +0900] "GET /rss2.xml HTTP/1.1" 200 1510
192.168.128.132 - - [26/Jan/2014:04:37:58 +0900] "GET /2008/02/links-for-20080213.html HTTP/1.1" 404 418
192.168.128.132 - - [26/Jan/2014:04:37:59 +0900] "POST /2008/02/links-for-20080213.html/trackback/ HTTP/1.1" 200 131
192.168.25.76 - - [26/Jan/2014:04:40:49 +0900] "GET /robots.txt HTTP/1.1" 404 285
192.168.221.21 - - [26/Jan/2014:04:40:51 +0900] "GET /rss2.xml HTTP/1.1" 200 1510
192.168.220.44 - - [26/Jan/2014:04:44:21 +0900] "GET /etc/entry-44.html HTTP/1.1" 200 7415
192.168.128.132 - - [26/Jan/2014:04:44:22 +0900] "GET /2007/09/post-1.html HTTP/1.1" 404 418
192.168.128.132 - - [26/Jan/2014:04:44:22 +0900] "POST /2007/09/post-1.html/trackback/ HTTP/1.1" 200 131
```

図62 整理前のWebサーバのログ

まずは、整理するために不要な情報を削除していきます。今回は日時は問わないので、該当の部分を削除します。[Find] メニューから [Replace] を選択し、正規表現を有効（[＊] ボタンをオン）にして\[.*\]（Windowsでは¥[.*¥]）を入力して該当部分を置換します*30。

ヒント*30

検索／置換機能について。

詳しくは → P.65

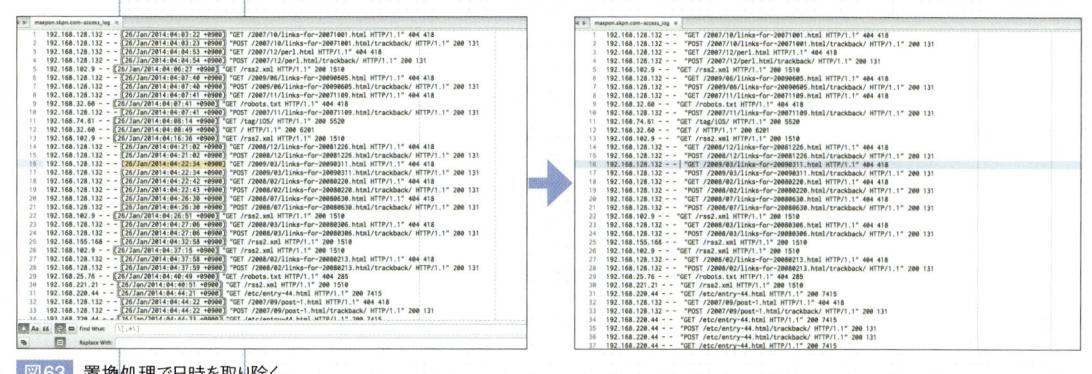

図63 置換処理で日時を取り除く

では、ここからトラックバックのアクセスを抽出します。[Find]メニューから[Find]を選択し、^.*trackback.*$と入力してtrackbackという文字列を含む行を検索します。その状態から option + return （Windowsでは Alt + Enter ）を押すと、検索にマッチする行がすべて選択された状態になるので、コピーを行います。

図64 trackbackを含む行を選択し、行選択に拡張する

この状態でコピーし、新しいタブを開いてペーストします。

図65 抽出したログを貼り付けた状態

これでトラックバックへのアクセスを抽出できました。状況を整理してみましょう。まずはソートを行って同一のIPアドレスでのアクセス状況をざっと確認してみましょう。IPアドレスは先頭にあるので、［Edit］メニューから［Sort Lines］を選択してソートが可能です。

図66 ソートを行った結果

ソートを行うと同一のIPアドレスから同じURLへのアクセスが何度も行われていることがわかりました。では引き続き整理していきましょう。同一のIPアドレスで複数のURLへのトラックバックを送ってきているIPアドレスを確認するために、重複行を取り除きましょう。［Edit］メニューから［Permute Lines］→［Unique］を選択すると重複行が取り除かれます。

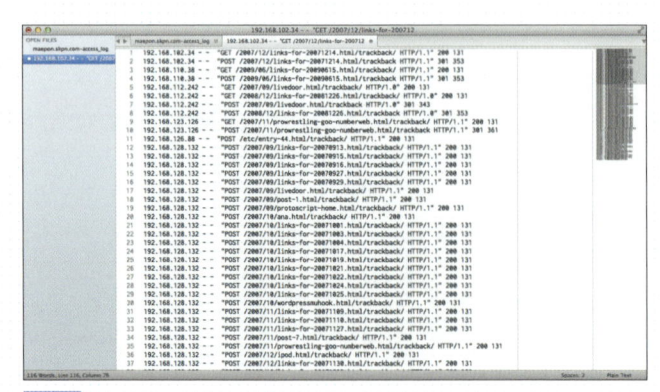

図67 重複行を取り除いた結果

結果192.168.128.132（仮のIPアドレスです）がさまざまなURLに向けてトラックバックを送っていることがわかりました。

あくまで一例ですが、このような形でログやリストの整理ができるので、シンプルなデータであればほかのソフトを利用しなくてもSublime Textで作業を完結できます。

第3章 パッケージで機能拡張しよう

「パッケージを制するものはSublime Textを制す」といっても過言ではありません。Sublime Textのパワーを最大限に引き出すためには、パッケージの扱い方をしっかり知っておくことが大切です。第3章ではパッケージの管理、探し方に加えて、開発方法も簡単に解説します。

- 3-1 パッケージについてもっと詳しく知っておこう ……… 116
- 3-2 パッケージを管理する ……… 121
- 3-3 パッケージの探し方 ……… 125
- 3-4 パッケージを開発する ……… 130

3-1 パッケージについて もっと詳しく知っておこう

Sublime Textを拡張するパッケージには、シンタックス、スニペット、テーマ、プラグインなどのさまざまな種類があります。パッケージの種類や保存場所などの基本情報を把握しておきましょう。

パッケージとPackage Control

　第1章でも触れましたが、Sublime Textは初期の状態では非常にシンプルな機能しか用意されていない、いわばプレーンな味のエディタです。必要に応じて好みの味付け（＝機能の拡張）をしていくことで、あなた好みのエディタに成長させることができるのがSublime Textの最大の特徴だといえるでしょう。Sublime Textでは、基本機能として用意されていない拡張機能のひとまとめをパッケージと呼んでいます。

　Sublime Textを使っていく上で、パッケージを追加して機能拡張していくことは必要不可欠です。ではいったいどれくらいの数のフレーバーが用意されているのでしょうか。

　Sublime Textのパッケージ管理システムであるPackage ControlはWill Bond氏がメンテナーのオープンソースなシステムです。開発されたパッケージはここに登録され、Sublime Textをとおしてユーザーがパッケージをインストールするという、非公式ながらも事実上のプラットフォームとなっています。登録されているパッケージは2014年2月現在で2,000以上にも上り、利用しているユーザーは200万人を突破しています。パッケージは今後もどんどん追加されていくことでしょう。

- **Will Bond - @wbond**
  （https://twitter.com/wbond）
- **Stats - Package Control** 図1
  （https://sublime.wbond.net/stats）

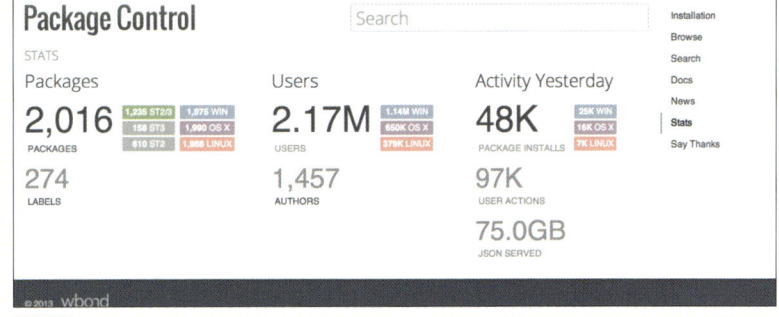

図1 Stats - Package Control（https://sublime.wbond.net/stats）

　Package Controlでは、開発者が新たにパッケージを登録する際に、すでに登録されているほかのパッケージと機能が類似していないかある程度確認しているため、それぞれがオリジナルの機能をもったパッケージといっていいでしょう。ほとんどのパッケージがオープンソースのため、GitHubやBitbucketなどのホスティングサービスでも公開されています。

パッケージの種類

　パッケージにはいくつかの種類が存在します。1パッケージが1つの種類とは限らず、言語構文定義とプラグインで1パッケージといったように、複数の種類を組み合わせて1つのパッケージとして提供されている場合もあります。

- **言語構文定義（シンタックス）**
  プログラミング言語などのシンタックスハイライトや入力補完を定義したパッケージです。
- **スニペット**
  各言語のよく使われるコーディングパターンのテンプレートをセットにしたパッケージです。
- **テーマ（カラースキーム）**
  カラーリングやUIパーツなど、Sublime Text本体の見た目をカスタマイズするためのパッケージです。

- ビルドシステム

  開いてるファイルに対して外部プログラムを実行するパッケージです。例えば Sass や LESS のコンパイル、CSS や JavaScript の圧縮などです。
- プラグイン

  上記以外の、Sublime Text 本体の機能を拡張するパッケージです。

機能的な種類のほかに、Sublime Text 2／3 それぞれ専用のものや、特定の OS にのみ対応しているもの、有料／無料といった違いがあります。

パッケージの構造

データフォルダ

パッケージはデータフォルダと呼ばれる場所に保存されています。Sublime Text にとってデータフォルダは重要な場所であり、ほかにもパッケージに関するさまざまなファイルが保存されています。また、データフォルダの場所はOSやSublime Textのバージョンで異なります*1。

Sublime Text 3

OS	場所
Windows	%APPDATA%\Sublime Text 3
Mac OS X	~/Library/Application Support/Sublime Text 3
Linux	~/.config/sublime-text-3

Sublime Text 2

OS	場所
Windows	%APPDATA%\Sublime Text 2
Mac OS X	~/Library/Application Support/Sublime Text 2*2
Linux	~/.config/sublime-text-2

パッケージフォルダ

データフォルダの直下に [Packages] というフォルダがあります。このパッケージフォルダには、インストールされたパッケージが保存されています。つま

ヒント*1

2014年2月現在、Sublime Text 3 はパブリックベータ版のため、データフォルダの場所が将来的に変更される可能性があります。

ヒント*2

~（チルダ）はユーザーフォルダを表します。

り、この中にある[ActionScript]や[HTML]などのフォルダがパッケージの実体ということになります。

パッケージフォルダは、[Sublime Text]メニューから[Preferences]→[Browse Packages]を選択すると、直接開くことができます。

Sublime Text 3では、Package Controlでインストールされたパッケージは[Installed Packages]フォルダに[パッケージ名].sublime-packageファイルとして保存されます。実はこの.sublime-package拡張子のファイルの実態はzipファイルであり、拡張子を.zipに変更すれば中身を展開することができます。ただし、パッケージに.no-sublime-packageファイルが含まれている場合、Sublime Text 3からのインストールでも[Installed Packages]フォルダに配置されずに通常のパッケージフォルダ内に展開されるようになっています。

ユーザーパッケージ

パッケージフォルダの直下に[User]というパッケージがあります。これをユーザーパッケージと呼びます。ユーザーパッケージはほかのパッケージと比べて異色の存在であり、[Tools]メニューにある[New Build System]や[Save Macro][New Plugin][New Snippet]などで作成したユーザー独自拡張のデフォルトの保存先になっています。

著者自身もパッケージを作成する際には、一度このユーザーパッケージ内に保存して、作成した拡張機能の使用とデバッグを繰り返して開発をしています。

このフォルダに保存したものは、Sublime Textのバージョンをアップグレードした際に内容が書き換わることがないようになっています。

パッケージの中身

パッケージの実体はフォルダであるということは前述したとおりですが、実際にはいくつかのファイルで構成されており、提供される機能によって組み合わせはさまざまです。

パッケージを構成するファイルは次ページのようなものがあります。

表1 パッケージの構成ファイル

種類	拡張子	説明
ビルドシステム	.sublime-build	外部プログラムを実行するコマンドや、実行対象のファイルの指定などが記述された設定ファイルです。
キーマップ	.sublime-keymap	パッケージの機能実行のために割り当てられたキーバインドが記述された設定ファイルです。
マクロ	.sublime-macro	パッケージが用意したマクロファイルです。
メニュー	.sublime-menu	Sublime Text のメニューを拡張するための設定ファイルです。
プラグイン	.py	拡張機能が記述された Python スクリプトファイルです。
言語設定	.tmPreferences	言語構文に関する定義ファイルです。
設定	.sublime-settings	パッケージが用意した Sublime Text 設定ファイルです。
言語定義	.tmLanguage	言語の構文で、どのキーワードを強調したりするかなどの定義ファイルです。
スニペット	.sublime-snippet	パッケージが用意したスニペットファイルです。
テーマ	.sublime-theme	Sublime Text 本体の見た目を変更するための定義ファイルです。

　また、パッケージの多くにはREADMEというパッケージの説明が書かれたファイルが含まれており、そのパッケージの利用方法などが記載されているため、一読するといいでしょう。

　そのほかにもライセンス表記のLICENSEファイルや、そのパッケージが提供する機能を実行するために必要であるさまざまなファイルが含まれています。

　.tmLanguageと.tmPreferencesは、[Mac OS X]向けのテキストエディタであるTextMate のフォーマットであり、Sublime Text がそのフォーマットを踏襲する形をとっているためファイルに互換性があります。詳しくはTextMateの公式サイトのドキュメントをご覧ください。

- **Language Grammars - TextMate Manual**

  （http://manual.macromates.com/ja/language_grammars#language_grammars）

- **Preferences Items - TextMate Manual**

  （http://manual.macromates.com/ja/preferences_items#preferences_items）

3-2 パッケージを管理する

Sublime Textを快適に使用し続けるためには、不要なパッケージの削除などのメンテナンスも必要です。ここではパッケージの削除やバックアップ、Package Controlを使わないインストール方法などについて解説します。

パッケージの整理整頓は重要

　Sublime Textを使い始めたら、あなた好みのエディタにするためにどんどんパッケージをインストールしていくことをおすすめします。しかし、あまりパッケージをたくさん入れすぎるとSublime Text自体の起動や動作が重くなることがあります。

　不要なパッケージについてはDisable Packageコマンドを使用して無効化するだけでもいいのですが、たくさんパッケージがあるとその分バックアップされるパッケージも増えるので、使わなくなったパッケージは削除してしまうことで無駄な処理を減らして、Sublime Textの長所の1つである軽快な動作を維持できるように整理整頓しておきましょう。

　また、誤ってパッケージ内のファイルを削除してしまったり、内容を書き換えたり、パッケージのアップグレードにバグが含まれていたりと、何らかのトラブルによりパッケージがうまく動作しなくなることも考えられます。最悪の場合、Sublime Text自体も正常に動作しなくなったりすることもあります。

　Sublime Textの起動直後にコンソールを開くと、パッケージを読み込んだ際のログが出力されており、読み込み時に問題があった場合はエラーが出力されています。正常にパッケージが動作しなかったり、Sublime Textの動作に問題があったりする場合はまずここを確認するといいでしょう。急に動作が不安定になったり表示がおかしくなったりした場合、たいていはパッケージが悪さをしていることが多いのです。

パッケージを削除する

　インストールしたパッケージを削除するにはPackage ControlのRemove Packageコマンドを使用します。これを実行するだけで簡単にパッケージを削除できます。実際にはパッケージフォルダ内の対象のパッケージをまるまる削除しているだけなので、自分自身でパッケージをゴミ箱へ移動することと同様です。

パッケージのアップグレード

- **自動アップグレード**

　Package Controlでインストールしたパッケージは、新しいバージョンの存在が確認できた場合、Sublime Textの起動時に自動的にパッケージのアップグレードを行うようにデフォルトで設定されています。

　もし、パッケージの自動アップグレードを停止させたい場合は、Package Controlの設定ファイルを編集することで可能です。コマンドパレットから「Preferences: Package Control Settings - User」を入力してJSON形式の設定ファイルを開きます。

　開いた設定ファイルに"auto_upgrade": falseを追記することで、パッケージの自動アップグレードを停止することができます。

```
{
    "auto_upgrade": false, // これを追記
    "installed_packages":
    [
        "Package Control",
        "Emmet"
    ],
    "repositories":
    [
    ]
}
```

　Package Controlの設定オプションは、パッケージの自動アップグレードのほかにも存在します。コマンドパレットから「Preferences: Package Control Settings - Default」と入力して設定ファイルをのぞいてみてください。

- **手動アップグレード**

　手動でアップグレードを行うときはPackage ControlのUpgrade Packageコマンドを実行します。コマンド実行後、アップグレードが可能なパッケージが存在した場合、その一覧が表示されて、アップグレードしたいパッケージを選択することで手動でアップグレードできます。

　Upgrade/Overwrite All Packagesコマンドを使用すると、一気にすべてのパッケージをアップグレードできます。ただし、完全に中身を上書きする形になるので、パッケージの中身を自分で改造していたりする場合は注意が必要です。

- **バックアップ**

　Package Controlをインストールすると、データフォルダ内に/Backupというフォルダが作成されます。これをバックアップフォルダと呼びます。

　Package Controlによってパッケージの自動アップグレードが行われると、アップグレード前のパッケージ内容が自動的にバックアップフォルダの中に保存されます。バックアップは日付ごとのフォルダに分けられており、その日付フォルダの中にアップグレードされたパッケージのアップグレード前の内容が保存されるようになっています。

　アップグレードしたパッケージを元に戻したい場合は、そのパッケージを一度削除し、バックアップフォルダ内に保存されたパッケージをパッケージフォルダ内に移動するだけです。

Package Controlを使わないパッケージのインストール方法

　第1章ですでにPackage Controlからパッケージをインストールする方法を紹介しました。通常はPackage ControlのInstall Packageでパッケージのインストールを行うべきですが、万が一Package Controlが正常に動作しない状況や、Package Controlには登録されていないパッケージをインストールしたい場合も出てくるかもしれません。そんなときでも、別の方法を使ってパッケージのインストールを行うことが可能です。

zip ファイルをダウンロードしてインストールする

zipファイルをダウンロードして、パッケージフォルダ内に展開することでもインストールができます。パッケージは通常、GitHubなどで公開されているので、そのリポジトリからzipファイルをダウンロードすることができます。

- 例: Emmet パッケージの zip ファイル

 （https://github.com/sergeche/emmet-sublime/archive/master.zip）

git clone でインストールする

Gitが動作する環境であれば、ターミナルなどを開き、cdコマンドでパッケージフォルダ内に移動してgit cloneすることでもインストール可能です。

```
$ git clone git://github.com/sergeche/emmet-sublime.git Emmet
```

Add Repository コマンド

Package Controlには登録されていないパッケージでも、GitHubやBitbucketなどで公開されているものをインストールする場合は、zipファイルやgit cloneでインストールするより、Package ControlのAdd Repositoryコマンドを使ったほうがいいでしょう。

Add Repositoryコマンドを使用してリポジトリを登録することで、Install Packageコマンドでパッケージをインストールすることができるようになります 図2 。

図2 リポジトリの登録画面

またUpgrade PackageコマンドやUpgrade/Overwrite All Packagesコマンドにより、パッケージが更新されていた場合に新しいバージョンにアップグレードができるようになるのでおすすめです。

3-3 パッケージの探し方

ここまでパッケージの重要性とともに、基本的な構造と管理方法について解説してきましたが、このセクションでは自分好みのパッケージの探し方について解説します。

Package Controlのサイトから探す

Sublime Textでよく利用されているパッケージについては、Webで検索すれば情報はたくさん出てくるはずです。また、後述するパッケージ紹介のセクションでは、執筆陣が強くおすすめするパッケージを詳細に説明します。しかし、パッケージが今後も増えていくことを考えると、自分で目的のパッケージを探す方法も知っておくべきでしょう。

パッケージの情報はPackage Controlのサイト上にまとめられており、キーワード検索、新着、人気順などから探すことができるようになっています。サイトを開くにはPackage ControlのDiscover Packagesコマンドを使うか、以下のURLをブラウザでアクセスしてください 図3 。

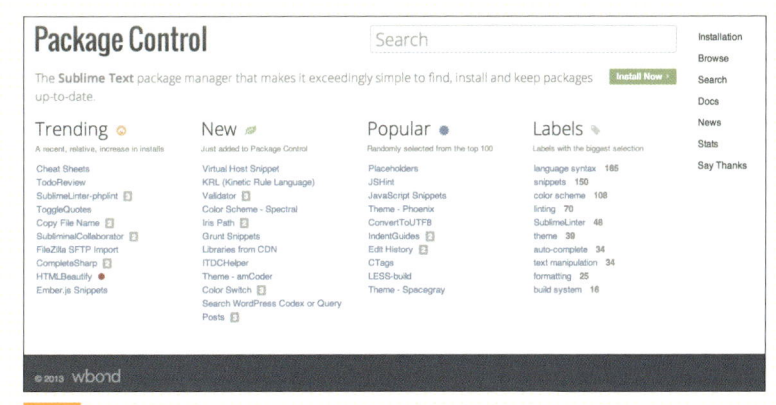

図3 Package Control - wbond (https://sublime.wbond.net/)

サイトはすべて英語ですが、いくつかのわかりやすい検索方法が用意されてい

るため、誰でも簡単にこのページからパッケージを探すことができます。では、その検索方法について説明しましょう。

Search

Searchページでは、あなたの気になるキーワードからパッケージを検索することができます。検索対象はパッケージ名と概要文（GitHub 上のリポジトリの Description にあたる部分）なのでHTMLなどの名詞を指定するといいでしょう。キーワードは複数指定できるため、さらに検索結果を絞ることもできます。

- Search - Package Control
  （https://sublime.wbond.net/search）

また、検索結果を Sublime Text のバージョンや OS でフィルタリングできるオプションが用意されています 図4 。指定できるオプションは次のようなものです。

表2 検索オプション

オプション	説明
:st2	Sublime Text 2にインストール可能なパッケージで絞り込みます。
:st3	Sublime Text 3にインストール可能なパッケージで絞り込みます。
:win	Windows上で動くSublime Textにインストール可能なパッケージで絞り込みます。
:osx	OS X上で動くSublime Textにインストール可能なパッケージで絞り込みます。
:linux	Linux上で動くSublime Textにインストール可能なパッケージで絞り込みます。

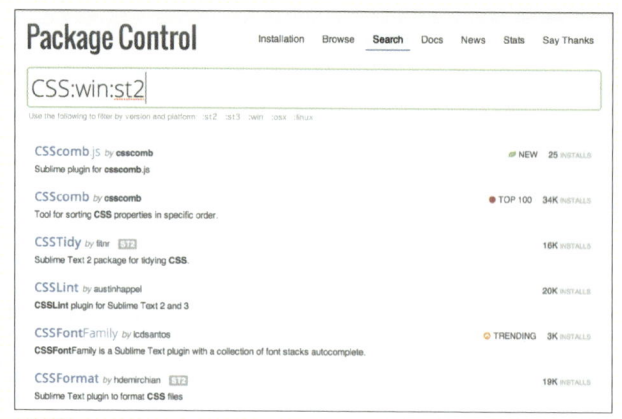

図4 例：CSS に一致する Window 上の Sublime Text 2 で動作可能なパッケージ

Browse

　Browseページでは、ある条件で分類されたものからパッケージを探すことができます。著者はこのページから便利そうなパッケージを定期的に探したりしています。

- Browse - Package Control
 （https://sublime.wbond.net/browse）

6つの条件で分類分けされています。

表3 Browseページの分類

分類	説明
New（新着）	登録された新着順にパッケージを表示します。
Popular（人気）	インストールされた数が多い順にパッケージを表示します。
Trending（注目）	ここ最近のインストール数が増加傾向にあるパッケージを表示します。
Labels（ラベル）	関連する特定のラベルを付けられたパッケージを表示します。
Updated（更新）	更新された順にパッケージを表示します。
Authors（作者）	作成したパッケージ数が多い順に作者を表示します。

　実際にパッケージを探す場合は、Trending、Popular、Searchあたりから探すことをおすすめします。探す上で注意が必要なのは、インストール数が少なく人気がないパッケージはあまり管理や更新がされていない場合も多く、正常に動かないケースも見受けられるという点です。

　パッケージの詳細ページ 図5 にはさまざまな情報が記載されています。

- バージョンや更新された日付
- 各OS別の合計インストール数
- 過去数週間のインストール数のグラフ
- READMEの内容

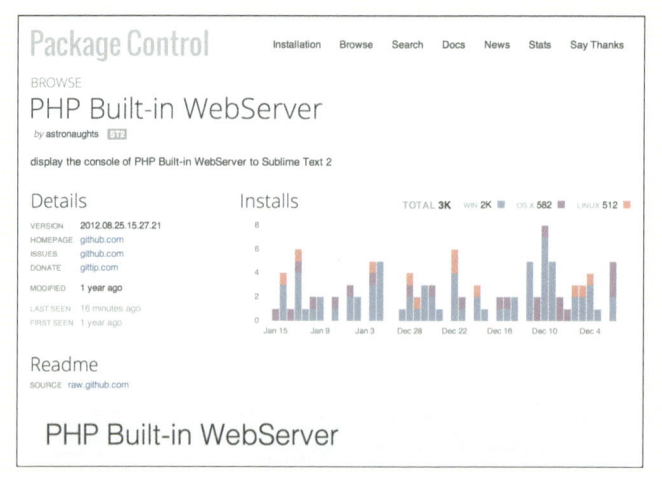

図5 パッケージの詳細ページ

　この詳細ページの情報から、人気があり、更新も行われているパッケージかどうかの判断が可能です。ともあれ、そのパッケージが本当にあなたにとって必要かどうかを判断するには、パッケージを使用してみなくてはわかりません。不要であれば簡単に削除可能ですし、気になるパッケージは一度インストールして実際に使用してみましょう。

New ページの RSS を受信する

　Package Control の New ページの情報のみ、RSS を受信することができます。人よりもいち早く最新のパッケージの情報を知って使ってみたいと思う人は、お使いのフィードリーダーに登録するのもいいでしょう。

- **New RSS - Package Control**
  （https://sublime.wbond.net/browse/new/rss）

Package Control 以外で
パッケージの情報を探す

Twitter で情報を得る

　Twitter でパッケージの情報を発信しているアカウントもあります。アカウントをフォローすることで最新の情報を得ることができるので、こちらもおすすめです。このほかに #sublimetext のハッシュタグが付いたツイートを検索するのもいいでしょう。

- Sublime Packages
  （https://twitter.com/SublimePackages）
- Sublime Text Tips
  （https://twitter.com/SublimeTxtTips）

フォーラムから情報を得る

　Sublime Text 公式サイトのフォーラムにパッケージの宣伝のためのカテゴリが存在します。パッケージ作者はここで自分が開発したパッケージについて情報を公開することもあるので、最新のパッケージ情報を得られます。

　また、パッケージの動作についての質問や不具合報告などのやりとりもあるため、何かトラブルがあった場合にも解決策があるかもしれません。

- Plugin Announcements - Sublime Forum
  （http://www.sublimetext.com/forum/viewforum.php?f=5）

3-4 パッケージを開発する

Sublime TextのパッケージはPythonの知識があれば誰でも開発することができます。ここでは開発の導入部分を簡単に紹介するので、興味がある人は挑戦してみましょう。すぐにパッケージを使いたい方は次の第4章に進んで構いません。

パッケージの作り方

開発ドキュメントや情報源

　Sublime Textのパッケージにはいくつかの種類があることは「3-1 パッケージについてもっと詳しく知っておこう」で紹介しました。それぞれのファイルの定義方法については、非公式ドキュメントサイトに詳細な内容が書かれています。このドキュメントは非公式ながら、公式サイトからも紹介されているので情報としては正確なものと考えて問題ないでしょう。

- Extending Sublime Text - Sublime Text Unofficial Documentation
  (http://sublime-text-unofficial-documentation.readthedocs.org/en/latest/extensibility/extensibility.html)

　Sublime Text公式サイトのフォーラムでもパッケージ開発について、活発にやりとりが行われています。もちろんやりとりのほとんどは英語ですが、もしパッケージ開発で行き詰まった場合、このフォーラムで解決方法が見つかるかもしれないので、パッケージ開発を志す人は一度中をのぞいてみるといいでしょう。

- Plugin Development - Sublime Forum
  (http://www.sublimetext.com/forum/viewforum.php?f=6)

プラグインは Python で開発する

 Sublime TextのプラグインはPythonというプログラミング言語で記述することができます。Pythonには2.x系と3.x系が存在しており、新しいバージョンである3.x系には後方互換性がないため、ほとんどの場合は2.x系のプログラムが実行できません。

 Sublime Textのバージョンによって、使用するPythonのバージョンに違いがある点には注意が必要です。Sublime Text 2にはPython 2.x系が、Sublime Text 3にはPython 3.x系が使用されています。Sublime Text 2しか対応していないパッケージが存在するのは、こういった根本的な仕様の違いが原因の1つになっています[*3]。

 PythonでSublime Textの各機能を呼び出すにはAPIを利用することで実現できます。APIについては公式サイトにドキュメントが用意されていますが、Sublime Textのバージョンによって多少違いがあります。

> **ヒント*3**
> Pythonはいまだに2.xが主流ですが、各方面で3.x系への移行が進められています。

表4 APIリファレンス

バージョン	URL
Sublime Text 3	http://www.sublimetext.com/docs/3/api_reference.html
Sublime Text 2	http://www.sublimetext.com/docs/2/api_reference.html

 また、Package Controlの開発者であり管理者でもあるWill Bond氏がNettuts+で紹介しているプラグイン開発の記事も参考になります。

- **How to Create a Sublime Text 2 Plugin - Nettuts+**
 (http://net.tutsplus.com/tutorials/python-tutorials/how-to-create-a-sublime-text-2-plugin/)

Pythonの実行環境

 Pythonのプログラムを実行するには実行環境が必要です。Sublime Textは基本的にインタプリタが付属しているため、別途Pythonの実行環境を用意する必要がありません。ただし、Mac版のSublime Text 2については、システムのインタプリタで実行するようになっています。Mac OS Xは初期の状態でPython 2.x系の実行環境が備わっているため問題が生じることは少ないと思われますが、環境次第では正しく動作しない可能性もあります。Sublime Text 3ではMac版でもインタプリタが付属するようになりました。

実際に作ってみる

簡単なオリジナルのパッケージを作ってみよう

　テーマやスニペット、ビルドシステムについては決まったフォーマットの定義ファイルを作成することで、オリジナルのパッケージとして作成することができます。

　ただし、プラグイン開発は前述のとおり、Pythonでプログラムを書く必要があります。プラグインAPIとPythonを駆使すれば、Sublime Textにさまざまな機能を与えて拡張することができます。その可能性は無限大です。しかしPythonという言語を利用して何かを作るという機会は決して多いとはいえません。今までPythonを触ったことがない人も、ぜひパッケージ開発を期に一度チャレンジしてみてください。

パッケージを配置する

　それでは実際にパッケージを作ってみましょう。はじめに、パッケージフォルダ[*4]にオリジナルのパッケージを用意します。今回はMyFirstPackageというパッケージを作ることにしましょう。パッケージフォルダ内に[MyFirstPackage]フォルダを作成してください。フォルダ名はそのままパッケージ名として認識されます 図6 。

> ヒント*4
>
> パッケージフォルダについて。
> 詳しくは ➡ P.118

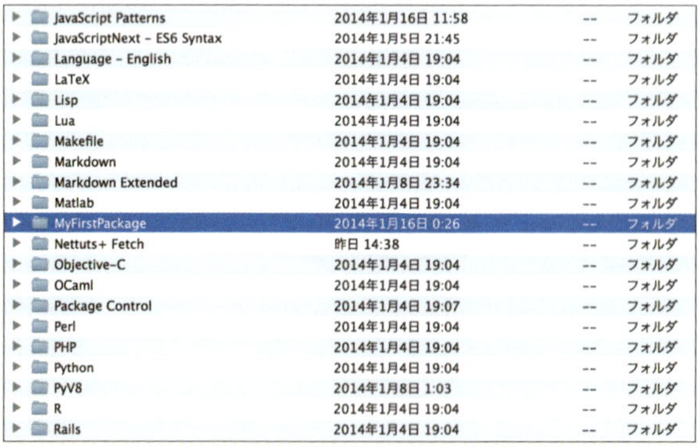

図6　パッケージフォルダにパッケージ名のフォルダを作成

プラグインを配置する

続いて［MyFirstPackage］フォルダ内に、プラグインファイルを配置してみましょう。［Tools］メニューから［New Plugin］を選択すると図7、プラグインファイルが開きます図8。

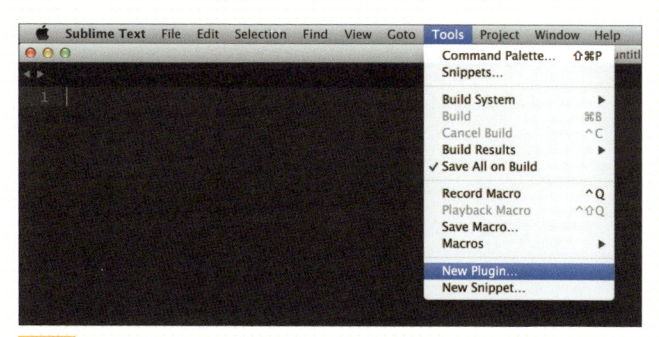

図7 ［Tools］メニューから［New Plugin］を選択

図8 プラグインファイルが開かれた

開いたプラグインファイルには、すでにExampleCommandというコマンドが定義されています。このコマンドは、今開いているファイルの文頭にHello, World!という文字列を挿入する機能を実現しています。

では、このサンプルのコマンドを編集せずに、そのまま先ほど作成した［MyFirstPackage］フォルダ内にMyFirstPackage.pyというファイル名で保存してください図9。

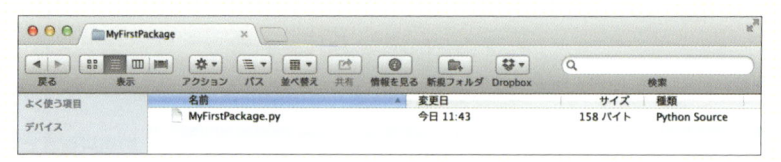

図9 プラグインファイルを保存する

　保存した時点でSublime Textがパッケージを読み込んで認識します。これであなたのMyFirstPackageプラグインはSublime Text上で実行可能な状態となりました。
　しかし、このままではコンソール上からしか呼び出すことができないので、次はコマンドパレットからExampleCommandを実行できるようにしてみましょう。

コマンドファイルを配置する

　プラグインファイルに定義したコマンドを、コマンドパレットから呼び出すには.sublime-commandsファイルを作成します。中身はほかの設定ファイルなどと同じJSON形式で設定値を定義するだけです。
　以下のような設定で［MyFirstPackage］フォルダ内にDefault.sublime-commandsファイルとして保存してください。ファイルを保存した時点でパッケージは再度読み込まれて、コマンドパレットから実行可能になります。

```
[
    {
        "caption": "MyFirstPackage: Hello World",
        "command": "example"
    }
]
```

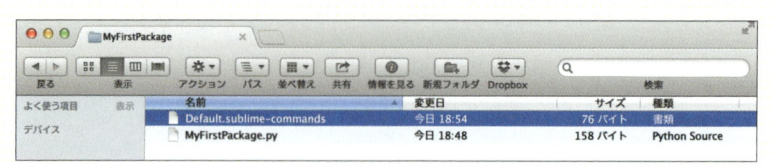

図10 コマンドファイルを保存する

　コマンドを実行するにはコマンドパレット上で、Default.sublime-commandsに定義したcaption部分の文字を入力します。とりあえずMyと入

力すれば、リストの上位の方にコマンドが表示されます図11。

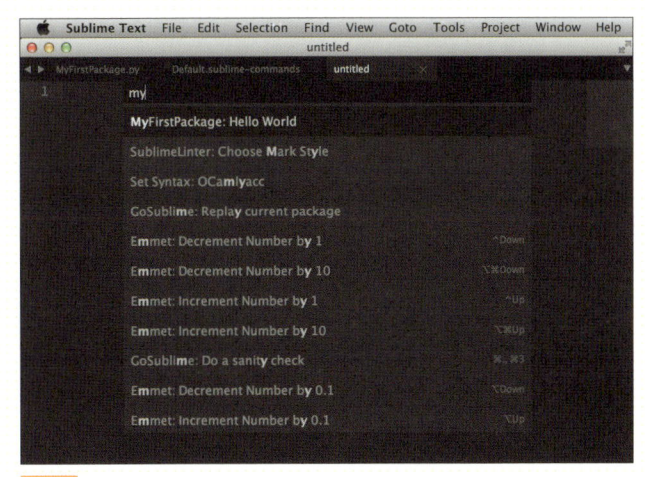

図11 コマンドパネルで選択

そのままコマンドを実行すると、開いているファイルの文頭にHello, World!の文字が挿入されます図12。

図12 プラグインによって文字が挿入された

以上、ほんの入り口までですがプラグインの作り方を解説しました。ここから先はPythonとSublime TextのAPIの知識が必要です。本書ではそこまで解説できませんが、オリジナルのパッケージがほしい方はぜひ挑戦してみてください。

テーマを作成する

テーマのパッケージも作成することができます。テーマは.tmThemeファイルにXML形式で記述していくのですが、1からXMLでカラーリングを指定していき、オリジナルのテーマを作成するのは至難の業です。

そこで紹介したいのがtmTheme-Editorです。tmTheme-Editorは、ブラウザ上でテーマをGUIで作成できるウェブアプリケーションです。

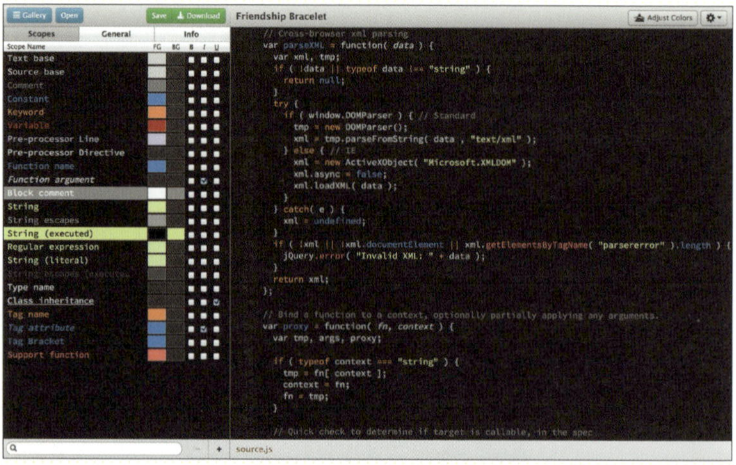

図13 tmTheme-Editor（http://tmtheme-editor.herokuapp.com/）

このアプリケーションのソースコードはGitHubで公開されており、使い方などもこちらで紹介されています。

- aziz / tmTheme-Editor

  （http://tmtheme-editor.herokuapp.com/）

> **Column**
>
> ### Package Control に登録してみる
>
> もし便利なパッケージが作れたら、世界中のSublime Textユーザーに使ってもらいましょう。作ったパッケージはGitHub、Bitbucketで公開した後、Package Controlに登録することでほかのユーザーから利用してもらうことができます。ここでは詳しく紹介しませんが、具体的な登録方法はPackage Controlのサイトのドキュメントをご覧ください。
>
> - Submitting a Package - Package Control
>
>   （https://sublime.wbond.net/docs/submitting_a_package）
>
> サイトにも記載がありますが、注意が必要なのはすでに似たようなパッケージが存在していないかを先に確認することです。もし存在していた場合は登録を拒否されることもあります（著者も経験があります）。登録方法はややこしいようにも見えますが、package_control_channelリポジトリ（https://github.com/wbond/package_control_channel）をForkして、少しJSONファイルを書いてPull Requestするだけで、Gitの知識があれば意外と簡単です。ぜひチャレンジしてみてください。

第4章 プロが教える特撰パッケージ

第4章では、本書の執筆陣が選定したSublime Textのパッケージを紹介していきます。ファイル保存関連など常に役立つものから、Web制作や特定言語での開発に役立つものまで幅広くピックアップしました。著者が日常使っているものばかりなので原則どれもおすすめですが、便利さの度合いや対応するケースの幅広さなどを基準におすすめ度を付けています。

4-1	どんなときにも役に立つ必須パッケージ	138
4-2	Web制作に役立つパッケージ	159
4-3	EmmetやHayakuでHTML / CSSの入力を効率化する	189
4-4	JavaScriptでの開発に役立つパッケージ	206
4-5	サーバサイドからMarkdownまでさまざまな言語用のパッケージ	217
4-6	ソース管理システムや簡易Webサーバを運用する	223

CHAPTER 4

④-1 どんなときにも役に立つ必須パッケージ

パッケージ紹介のスタートとして、どんな状況でも役に立つ汎用的なパッケージを紹介します。Web制作、プログラミングから原稿執筆まであらゆる状況で使えるものばかりなので、Sublime Textを使うならぜひインストールしておきましょう。

サイドバーを多機能に拡張する

デフォルトではファイルの名称変更・削除・フォルダで開くなど簡単な操作しかできないサイドバーですが、SideBarEnhancementsをインストールすれば、さまざまな操作ができるように拡張されます。Sublime Textの必須プラグインといっても過言ではありません。

パッケージ

SideBarEnhancements

▶ インストール方法　Package Controlで「SideBar」を検索

▶ 対応	▶ 価格	▶ おすすめ度
Mac　Win　ST3　ST2	無料	★★★★★

既存バージョンはSublime Text 3のみ対応ですが、Sublime Text 2では、旧バージョンを直接パッケージフォルダ[*1]に入れることで使用できます。こちらのGitHubイシューを参考にしてください（https://github.com/titoBouzout/SideBarEnhancements/issues/172）。

デフォルトと見比べるとわかるように、サイドバーのファイルやフォルダを右クリックしたときに表示されるコンテキストメニューの項目を大幅に追加します。新規作成・コピー・複製・移動などのファイル操作、検索、プロジェクト設定などがサイドバーから可能になります 図1 図2 。なお、メニューが拡張されるのはプロジェクト利用時のみなので、プロジェクトを作成してから利用するようにしてください[*2]。

ヒント*1
パッケージフォルダについて。
詳しくは ➡ P.118

ヒント*2
プロジェクトについて。
詳しくは ➡ P.81

プロが教える特選パッケージ

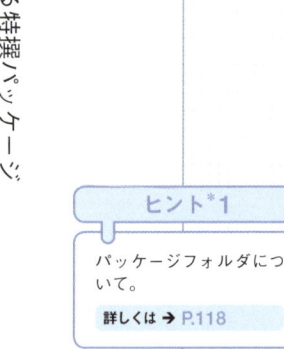

図1 デフォルトのサイドバー

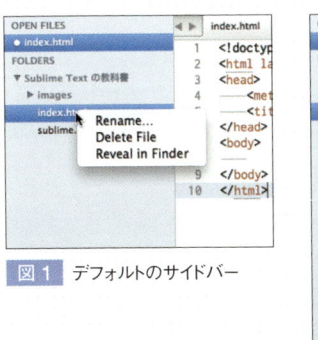

図2 SideBarEnhancementsで拡張したサイドバー

また、以下の2つの機能が追加されます。

● **ブラウザで開く**

サイドバーでプロジェクト内のファイルを右クリックして[Open in Browser]を選択するとそのページをブラウザで開くことができます。編集中のページを確認したいときなどに非常に便利です。また、F12を押しても編集中のファイルをブラウザで開くことができます。

指定がない場合はファイルが直接開きますが、ローカルサーバで確認する場合などは、指定したURLを開くように設定できます。URLを設定するには、サイドバーを右クリックして[Project]→[Edit Projects Preview URLs]を選択し、「SideBarEnhancements.json」ファイルを編集します。

```
{
    "/Applications/MAMP/htdocs/example/":{
    "url_testing":"http://localhost/",
    "url_production":"http://example.com"
    }
}
```

ローカルディレクトリを絶対パスで指定し、url_testingにテストサーバの

URLを、url_productionに本番サーバのURLを指定します。なお、このファイルはJSON形式なので、ほかの設定ファイルと違ってコメントが使えない点に注意してください。また、ショートカットキーで開く場合は、F12を押すとurl_testingに指定したものが、option＋F12（WindowsではAlt＋F12）を押すとurl_productionで指定したものが開きます。

デフォルトは既定に設定されているアプリケーションで開かれますが、ブラウザを指定することもできます。[Preferences]メニューから[Package Settings]→[Side Bar]→[Setting - User]を選択し、パッケージ設定ファイルに追記します。以下はChromeを指定した例です。

```
"default_browser": "chrome",
//one of this list: firefox, chrome, canary, chromium, opera, safari
```

● **アプリケーションを指定する**

サイドバーを右クリックして[Open With]を選択すると、設定したアプリケーションでファイルを直接開くことができます。プロジェクトに含まれる画像ファイルをPhotoshopで編集したい場合などに使います。

アプリケーションを設定するには、サイドバーを右クリックして[Open With]→[Edit Applications]を選択し、開かれる「Side Bar.sublime-menu」ファイルを編集します。以下は、拡張子がpsd、png、jpg、jpegの場合、サイドバーからPhotoshopで開けるように設定した例です。

```
{
    "caption": "Photoshop", // サイドバーで表示される名前
    "id": "side-bar-files-open-with-photoshop", //idを付ける
    "command": "side_bar_files_open_with",
    "args": {
        "paths": [],
        "application": "Adobe Photoshop CC.app", // アプリケーション名(OSXの場合)*3
        "extensions":"psd|png|jpg|jpeg"   //拡張子を指定
    }
}
```

> ヒント*3
> applicationはWindowsでは絶対パスで指定する必要があります。

改行コードをすばやく
確認／変更する

　テキストファイルの改行コードはWindows、Mac、Linuxでそれぞれ異なっていますが、Sublime Textでは現在開いているファイルの改行コードが何かを確認するために、メニューバーから［View］→［Line Endings］とたどっていかなければならず、改行コードが異なるファイルを扱うことが多い場合には不便です。そこで、ステータスバーに改行コードを表示するパッケージを紹介しましょう。

　後述するように、Sublime Text 3では標準機能だけでもステータスバーに改行コードを表示させられますが、表示以外にもスペースとタブの相互変換や、現在開いているファイルの改行コードを一括置換できるといったメリットがあります。

パッケージ

LineEndings

▶ インストール方法　Package Controlで「LineEndings」を検索

▶ 対応	▶ 価格	▶ おすすめ度
Mac　Win　ST3　ST2	無料	★★★★☆

　このパッケージをインストールすると、ステータスバーの左下に改行コードが表示されます 図3 。

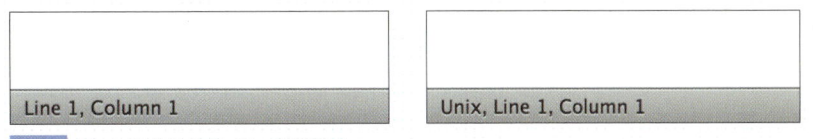

Line 1, Column 1	Unix, Line 1, Column 1

図3　デフォルト（左）とインストール後（右）

　表示するだけでなく、コマンドパレットやステータスバーから改行コードが変更できるようになります 図4 図5 。

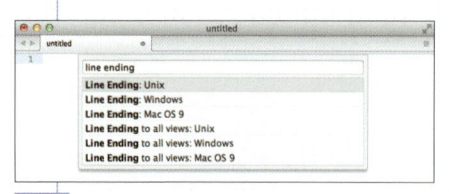

図4 コマンドパレットから変更

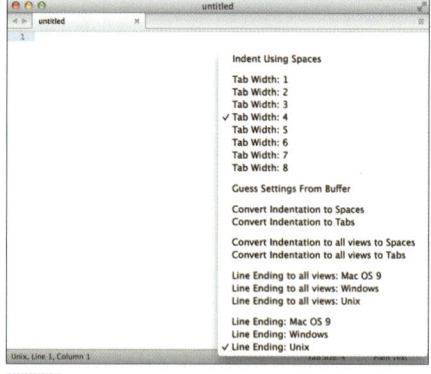

図5 ステータスバーから変更

改行コードは以下の表のように読み替えてください。

表1 改行コード

Sublime Text	CotEditor
Unix	LF
Mac OS 9[*4]	CR
Windows	CR/LF

> ヒント*4
> Mac OS XではUnixと同じLFが使われます。

[Preferences]メニューから[Package Settings] → [LineEndings] → [Settings – User]を選択し、パッケージ設定ファイルに以下の項目を設定します。

- **show_line_endings_on_status_bar**
  ステータスバーに改行コードを表示するかどうかの設定です（デフォルト：true）。falseにすることは可能ですが、falseの場合パッケージを入れた意味があまりなくなります。
  下記の2つの設定だけで利用する場合はfalseにします。

- **alert_when_line_ending_is**
  指定した改行コードの場合にアラートを表示します（デフォルト：なし）。

```
// この場合どの改行コードでもアラートが出る
"alert_when_line_ending_is":["Windows", "Unix", "CR"]


// Windows（CR/LF）でアラートを出したい場合
"alert_when_line_ending_is":["Windows"]
```

- **auto_convert_line_endings_to**
  ファイルを読み込んだ時点で設定した改行コードに自動変換するかどうかを指定します（デフォルト：なし）。自動変換するだけで保存はしません。

```
// ファイルが CR でも LF でも CR/LF に変換して読み込み
"auto_convert_line_endings_to" : "Windows"
```

- **Convert indentation to spaces or tabs for all views on current window**
  現在表示されているウィンドウのインデントをスペースかタブに一括置換します。
- **Convert line endings for all views on current window**
  現在表示されているウィンドウの改行コードを一括置換します。

デフォルトの改行コードは、"default_line_ending": "system" となっており、使用しているマシンの改行コードに従います。こちらに書かれている設定を元に、環境設定ファイル[*5]を開いて system の部分を windows か unix に変更すれば、それぞれ CRLF か LF がデフォルトになります。system のままでいい場合には、default_line_ending の記述は不要です。

> **ヒント*5**
> 環境設定ファイルについて。
> 詳しくは ➜ P.28

Column

Sublime Text 3で改行コードを表示する

Sublime Text 3では、show_encoding と show_line_endings という設定項目が追加され、パッケージを使用しなくても改行コードと文字コードが表示可能になりました。環境設定ファイルに以下の2行を追加すれば表示されるようになります（デフォルトは両方とも false）。

```
"show_encoding": true, // 文字エンコーディングを表示
"show_line_endings": true // 改行コードを表示
```

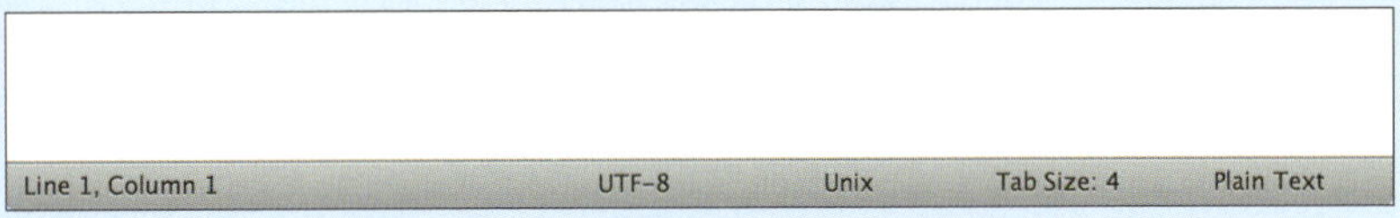

Line 1, Column 1　　　　　　　UTF-8　　　Unix　　　Tab Size: 4　　　Plain Text

図6 Sublime Text 3に show_encoding と show_line_endings を設定

行末の半角スペースを削除する機能を強化する

パッケージ

Trailing Spaces

▶ インストール方法　Package Controlで「TrailingSpaces」を検索

▶ 対応　Mac　Win　ST3　ST2

▶ 価格　無料

▶ おすすめ度　★★★★☆

　Trailing Spacesはカラースキームによっては認識しづらい行末にある半角スペースやタブをハイライト表示し、「保存時に行末の半角スペースを削除する」設定[*6]を強化するパッケージです。ハイライト色を変更したり、任意のタイミングでスペースを削除したりすることができるようになります。 行末にある半角スペースを表示することで、行末の不要な半角スペース、タブを発見しやすくなる、Markdown[*7]での改行がわかりやすくなるというメリットがあります。

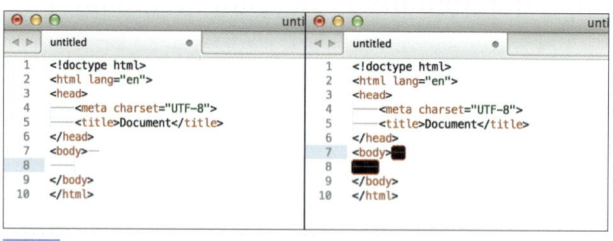

図7 行末のスペースをハイライト表示する

　ハイライト表示の色を変更するには、[Preferences]メニューから[Package Settings]→[Trailing Spaces]→[Settings - User]を選択して、パッケージ設定ファイルに次のように記述します。ハイライト表示の色は、設定しているカラースキーム[*8]に依存します。デフォルトはinvaildです。

```
{
    "trailing_spaces_highlight_color": "comment",
}
```

　保存時だけでなく、任意のタイミングで行末の半角スペースを削除したい場合は、Sublime Textのショートカットキー設定ファイルでショートカットキーを設定しましょう。

ヒント*6
保存時に行末の半角スペースを削除する設定について。
詳しくは ➔ P.72

ヒント*7
Markdownについて。
詳しくは ➔ P.221

ヒント*8
カラースキームについて。
詳しくは ➔ P.32

```
[
    {
        "keys": ["ctrl+shift+t"], "command": "delete_trailing_spaces"
    }
]
```

また、以下のコマンドにショートカットキーを割り当てることで、半角スペースのハイライト表示のオンオフを切り替えることができます。

```
[
    {
        "keys": ["ctrl+shift+d"], "command": "toggle_trailing_spaces"
    }
]
```

Sublime Textにはデフォルトで「保存時に行末の半角スペースを削除する」という設定（デフォルトでfalse）がありますが、Markdownの記法上、保存時に行末の半角スペースを削除されてしまうと文章中の改行がなくなってしまいます。そういった場合はプロジェクト[*9]や言語ごとの設定とあわせて使うことで解決しましょう。

> **ヒント*9**
> プロジェクトについて。
> 詳しくは → P.81

Column

パッケージ設定ファイル

Sublime Text自体の環境設定を行う場合、デフォルトの環境設定ファイルを開き、変更したい設定項目をユーザーの環境設定ファイルに記述しました（P.28参照）。パッケージの場合も同様の流れで設定します。設定変更可能なパッケージをインストールすると、[Preferences]メニューに[Package Settings] → [パッケージ名]という項目が追加されます。そのサブメニューに[Settings - Default]と[Settings - User]があり、選択するとパッケージ設定ファイルが開きます。後はデフォルトのパッケージ設定ファイルを参考に、ユーザーのパッケージ設定ファイルを変更します。

また、パッケージのショートカットキー設定は、独自の設定ファイルが用意されているものと、Sublime Textのショートカットキー設定ファイル（P.35参照）を利用するものがあります。

ファイルのオープンや切り替えを
さらにスムーズにする

　日常的に使うファイルを開いたり、ファイルのタブを切り替えたりする操作を、さらに便利にすばやく行えるようにするパッケージをまとめて紹介します。

パッケージ

Focus Last Tab

▶ インストール方法　Package Controlで「Focus Last Tab」を検索

▶ 対応　Mac　Win　ST3　ST2
▶ 価格　無料
▶ おすすめ度　★★★☆☆

　Sublime Textでは、Chromeなどのタブブラウザと同じように command + 1 〜 9 （Windowsでは Ctrl + 1 〜 9 ）を押してタブを切り替えることができますが、 command + 9 が最後のタブではなく、9番目のタブに切り替わります。

　Focus Last Tabは、この挙動をChromeなどと同じように command + 9 で最後のタブに移動するように変更してくれるパッケージです。ブラウザの挙動と合わせることができるので、Sublime Textのタブをより直感的に操作できます。

　ほかのショートカットキーで切り替えられるようにしたい場合は、[Preferences] メニューから [Key Bindings – User] を選択して、Sublime Textのショートカットキー設定ファイルに以下のように追加し、keysのところを適宜変更します。

```
[
    { "keys": ["ctrl+end"], "command": "last_view" }
]
```

　こちらと合わせて、第2章で紹介した control + tab の挙動も変更しておくと、よりブラウザと近い挙動になります[*10]。

> **ヒント*10**
> タブの切り替えについて。
> 詳しくは ➔ P.64

パッケージ

Quick File Open

▶ インストール方法　Package Controlで「Quick File Open」を検索

▶ 対応　Mac　Win　ST3　ST2
▶ 価格　無料
▶ おすすめ度　★★★☆☆

　よく使うファイルをショートカットキーで呼び出せるようにするパッケージです。XAMPPやMAMPなどの設定ファイルなどを指定しておくと便利でしょう。ToDoリストを呼び出せるようにしておくという使い方もいいと思います。

　開くファイルを設定するには、[Preferences]メニューから[Package Settings]→[QuickFileOpen]→[Settings – User]を選択し、パッケージ設定ファイルに以下の形式で指定します。複数指定する場合はカンマで区切ります。

```
{
    "files": [
        "/Users/hogehoge/Desktop/todo",
        "/Applications/XAMPP/xampfiles/etc/extra/httpd-vhosts.conf"
    ]
}
```

　コマンドパレットから「File: Quick File Open」を選択するか、control + shift + option + P（WindowsではCtrl + Alt + Shift + P）を押すと、ファイルの一覧が表示されます。

　ショートカットキーを変更したい場合は、[Preferences]メニューから[Key Bindings – User]を選択して、Sublime Textのショートカットキー設定ファイルに以下のように追加し、keysのところを適宜変更します。

```
[
    {
        "keys": ["ctrl+shift+alt+p"], "command": "quick_file_open"
    }
]
```

4-1　どんなときにも役に立つ必須パッケージ

パッケージ

GotoRecent

▶ インストール方法　Package Controlで「GotoRecent」を検索（Sublime Text 2のみ）

▶ 対応	▶ 価格	▶ おすすめ度
Mac Win ST3 ST2	無料	★★★☆☆

　最近開いたファイルをリスト表示してくれるパッケージです。デフォルトでも[File]メニューから最近開いたファイルを見ることができますが、このパッケージにはショートカットキーでリスト表示できるというメリットがあります 図8 。

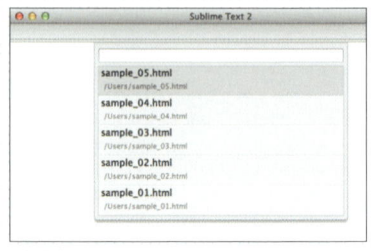

図8　GotoRecentのリスト

● **最近開いたファイルをリスト表示するショートカットキー**

　　（Mac）command + shift + R、（Windows）Ctrl + Shift + T

　Sublime Text 3では、Package Controlからインストールできませんが、パッケージフォルダ*11にコピーするという方法でインストールすれば使用可能です。

> **ヒント*11**
> パッケージフォルダについて。
> 詳しくは → P.118

パッケージ

RecentActiveFiles

▶ インストール方法　Package Controlで「RecentActiveFiles」を検索

▶ 対応	▶ 価格	▶ おすすめ度
Mac Win ST3 ST2	無料	★★★★☆

　前述のGotoRecentと同じ機能をもち、Sublime Text 3でもPackage Controlからインストール可能です。ショートカットキーがGotoRecentと異なるので、乗り換える場合には注意が必要です 図9 。

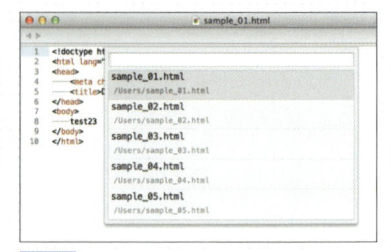

図9　RecentActiveFilesのリスト

● **最近開いたファイルをリスト表示するショートカットキー**

　　（Mac）command + K, command + T、（Windows）windows + K, windows + T

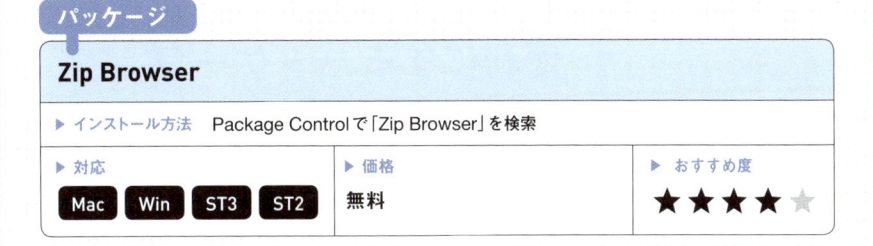

パッケージ

Zip Browser

▶ インストール方法　　Package Control で「Zip Browser」を検索

▶ 対応	▶ 価格	▶ おすすめ度
Mac　Win　ST3　ST2	無料	★★★★☆

　zipファイルを展開することなく内包ファイルの内容を確認できるようにするパッケージです。サイドバーに表示されたzipファイルをクリックすると、そこに含まれるファイルがリスト表示されます 図10 。

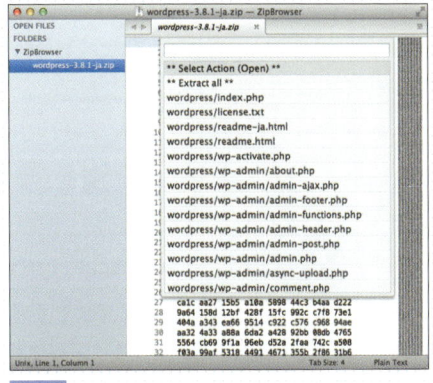

図10　zipファイルをクリックした状態

　ファイルリストは文字を入力すると絞り込まれていきます 図11 。ファイルを選択すると、zipファイルを展開することなく内容が確認できます 図12 。

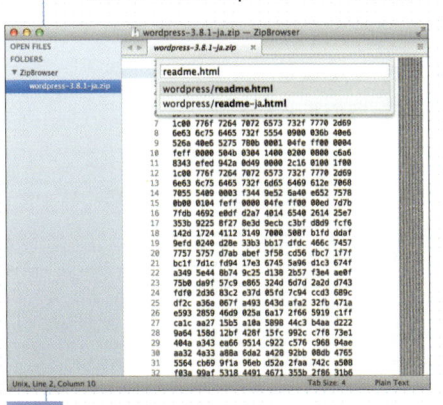

図11　ファイルの絞り込み

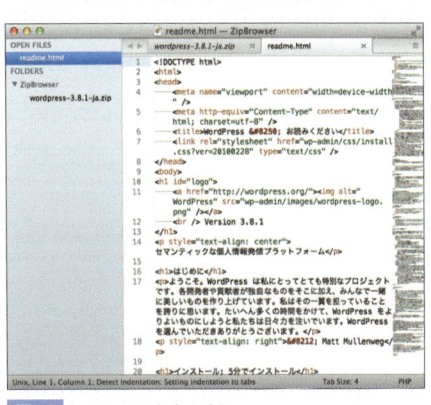

図12　ファイルの内容を確認

ファイルの履歴や新規作成を便利にするパッケージ

　ファイルの変更履歴を確認するパッケージと新規ファイルの作成を便利にするパッケージを紹介します。

パッケージ

Local History

▶ インストール方法　Package Control で「Local History」を検索

▶ 対応	▶ 価格	▶ おすすめ度
Mac / Win / ST3 / ST2	無料	★★★★★

　Local Historyはファイルの変更履歴をローカルにバージョン管理してくれるパッケージです。保存された履歴はdiffファイルで差分を確認できます。

　コマンドパレットまたは右クリックで、以下の機能をもつ「Local History」メニューが呼び出せます。

- Browse：履歴フォルダを開く（Finder / Explorer で）
- Open：履歴ファイルを開く
- Compare：現在のコードと履歴との差分を表示
- Replace：履歴ファイルと置換
- Incremental Diff：履歴の差分を表示

　「Browse」以外のメニューを選ぶと、名前の先頭にバックアップした日時が付いたファイルが表示されます。選択するとdiffファイルが開かれ、差分が表示されます 図13 。

図13　Compareで現在のファイルと比較。赤字が差分、黒字が現在の状態

ファイルが自動保存されるので、場合によってはバックアップフォルダが肥大する可能性があります。履歴を残す日数やファイルサイズの上限は適した値に調整しましょう。

オプションで以下の設定ができます。[Preferences]メニューから[Package Settings]→[Local History]→[Settings - User]を選択し、パッケージ設定ファイルで以下を設定します。

```
{
  "file_history_retention": 30, // 履歴を残す日数
  "file_size_limit": 262144, // 上限バイト数(256KB)
  "history_on_close": false // "true"にするとファイルを閉じるときのみ履歴保存
}
```

上記はデフォルトで指定している値です。指定した日数を過ぎるまでは削除されないので、削除したい場合は、[Tools]メニューから[Local History]→[Delete All]を選択して一括削除することができます。

なお、バックアップファイルは以下のフォルダに保存されています。

- **(Mac)** /Users/ユーザー名/.sublime/history
- **(Windows)** C:¥Users¥ユーザー名¥.sublime¥history

上記フォルダにバックアップファイルが保存されているので、個別に編集や削除をすることも可能です。

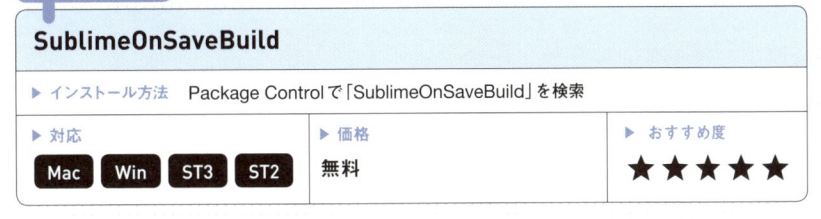

> **パッケージ**
>
> ### SublimeOnSaveBuild
>
> ▶ インストール方法　Package Controlで「SublimeOnSaveBuild」を検索
>
> ▶ 対応　Mac / Win / ST3 / ST2
>
> ▶ 価格　無料
>
> ▶ おすすめ度　★★★★★

Sublime Textは標準機能でビルドを実行すると同時に保存することができますが、このパッケージはその逆で、ファイルを保存すると同時にビルドを実行することができます。常に保存ごとにビルドしたいファイルを編集しているとき、手間が省けます。

> パッケージ

AdvancedNewFile

▶ インストール方法　Package Controlで「AdvancedNewFile」を検索

▶ 対応　Mac　Win　ST3　ST2　　▶ 価格　無料　　▶ おすすめ度　★★★★★

　新規ファイルを指定の場所にすばやく作成できるパッケージです。デフォルトでは[File]メニュー→[New File]で新規ファイルを作成して、保存時にファイル名を指定しますが、AdvancedNewFileを使うと最初にディレクトリやファイル名を指定して作成することができます。以下のショートカットキーで「Enter a path a new file」を実行します。

● **ファイルを新規作成するショートカットキー**
　　（Mac）command + option + N、（Windows）Ctrl + Alt + N

　画面下にダイアログが表示されるので、作成したいファイルをプロジェクトから相対パスで指定します 図14 。

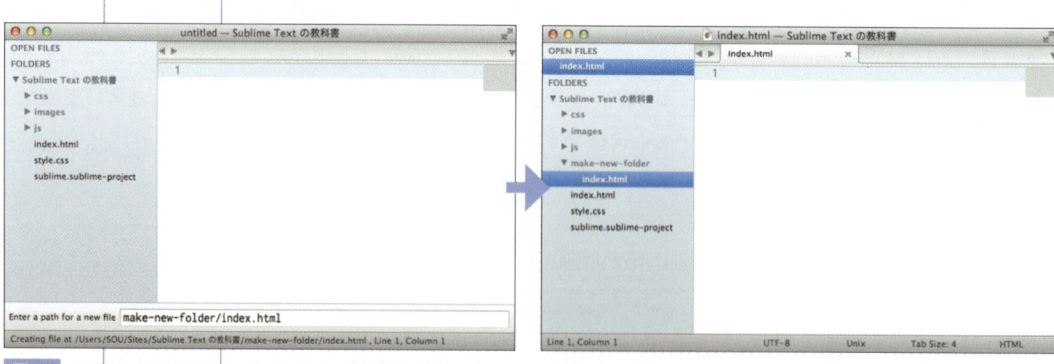

図14　相対パスで指定すると、そのファイルが新規作成される

　Enterを押すとファイルが作成されて開きます。パスに指定したフォルダが存在しない場合は、一緒にフォルダも作成されます。拡張子を指定して作成するので、最初からシンタックスモードが適用されているのも便利ですね。
　なお、日本語のファイル名やフォルダ名は作成できないので注意してください。

黒い画面をすばやく開く

パッケージ

Terminal

▶ インストール方法　Package Controlで「Terminal」を検索

▶ 対応　Mac　Win　ST3　ST2

▶ 価格　無料

▶ おすすめ度　★★★★☆

サイドバーからターミナル（Windowsはコマンドプロンプト）を開くことができるようになるパッケージです。選択したプロジェクトのフォルダをカレントディレクトリとして開けるので 図15 、そのままコマンドを実行できます。Sublime Textで記述したシェルスクリプトなどの動作をすぐに確認したい場合などに役立ちます。

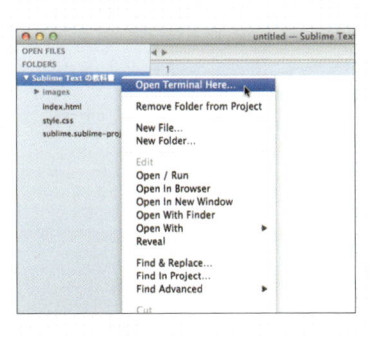

図15　インストールすると「Open Terminal Here…」が表示される

「Open Terminal Here…」を選択すると、Macなら「ターミナル」、Windowsは「Windows Powershell」が起動します 図16 [*12]。

ヒント*12

Sublime Text 2ではパスに日本語（マルチバイト文字）が含まれると開けない場合があります。

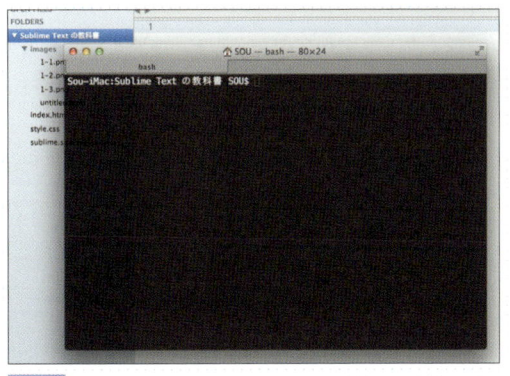

図16　選択したフォルダをカレントディレクトリとしてターミナルが開いた

オプションで、開くターミナルエミュレータを変更できます。MacはiTerm、
Windowsはパスで指定したターミナルエミュレータで開くことができます。
[Preferences] メニューから [Package Settings] → [Terminal] → [Setting -
User] を選択して、パッケージ設定ファイルに追記します。

- **Mac**

```
{
    // iTermを指定
    "terminal": "iTerm.sh"
}
```

- **Windows**

```
{
    // コマンドプロンプトを指定する場合
    "terminal": "C:¥¥Windows¥¥system32¥¥cmd.exe"[*13]
}
```

> ヒント*13
> WindowsのSublime Textでは「¥」が「\」で表示されます。

ショートカットでもターミナルを開くことができます。次のショートカットは、開いているファイルがあるフォルダをカレントディレクトリとしてターミナルで開きます。

- **ターミナルを開くショートカットキー**

    （Mac）command + shift + T、（Windows）Ctrl + Shift + T

次のショートカットは、プロジェクト内のファイルであれば、どのファイルを開いていてもプロジェクトフォルダをターミナルで開くことができます。

- **プロジェクトフォルダをターミナルで開くショートカットキー**

    （Mac）command + option + shift + T、（Windows）Ctrl + Alt + Shift + T

Column

MacでSublime Textをターミナルから開く

Mac限定ですが、ターミナルからSublime Textを開くこともできます。MacのSublime Textにはあらかじめ「subl」という実行ファイルが用意されており、これにシンボリックリンクを作成することで、コマンドラインからSublime Textを起動することができます。

ターミナルに以下のコマンドを入力しましょう。

- Sublime Text 3

```
sudo ln -s "/Applications/Sublime Text.app/Contents/SharedSupport/bin/subl" ~/bin/subl
```

- Sublime Text 2

```
sudo ln -s "/Applications/Sublime Text 2.app/Contents/SharedSupport/bin/subl" ~/bin/subl
```

sudo（スーパーユーザー）権限で実行するのでユーザーパスワードの入力が必要です。シンボリックリンクが作成され、「subl」というコマンドが使えるようになります。ハイライトで示した箇所にはパスの場所を指定してください。文末の「subl」は、好きなコマンド名に変えても構いません。

コマンドを入力してみましょう。Sublime Textが起動します。

```
subl
```

ファイル名を指定すればファイルを開いて起動します。

```
subl ファイル名
```

フォルダ名を指定すればフォルダをプロジェクトとして登録して起動します。

```
subl フォルダ名
```

そのほかのオプションなどはヘルプで確認してみましょう。

```
subl -h
```

公式ドキュメントでも詳細を確認することができます。

- [Sublime Text 3]

  (http://www.sublimetext.com/docs/3/osx_command_line.html)

- [Sublime Text 2]

  (http://www.sublimetext.com/docs/2/osx_command_line.html)

キーバインドの設定を一覧で表示する

　いろいろなパッケージをインストールしていくと、どのパッケージにどのキーバインド（ショートカットキー）が設定されているのかがわからなくなってきます。その都度パッケージ設定ファイルを開いて確認するのは手間ですし、覚えきることができません。そんなときはBoundKeysを使えばすべてのキーバインド設定を一覧で表示することができます。

パッケージ

BoundKeys

▶ インストール方法　Package Controlで「BoundKeys」を検索

▶ 対応　Mac　Win　ST3　ST2
▶ 価格　無料
▶ おすすめ度　★★★★★

　使い方は、コマンドパレットで「List bound keys」を実行するだけでOKです。インストールされているすべてのパッケージのキーバインドを集計し、しばらくすると一覧化したファイルが表示されます 図17 。

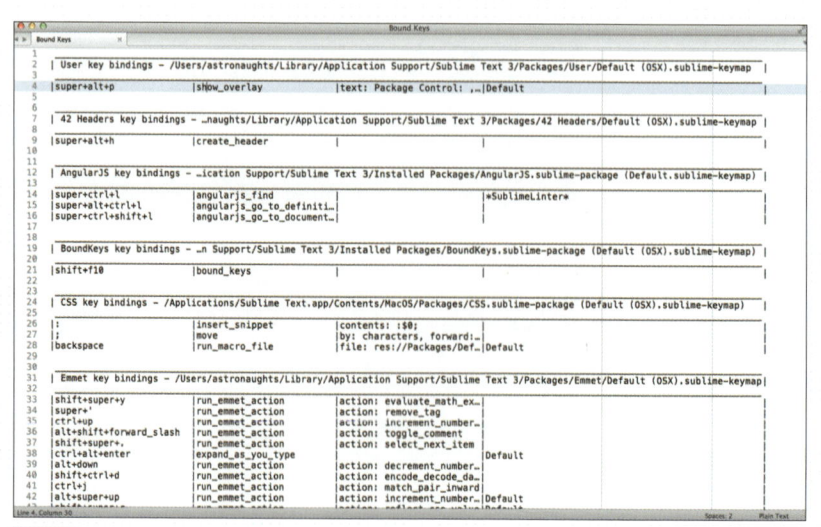

図17　BoundKeysで表示されるキーバインドの一覧

選択の拡張機能をさらに便利にする

Sublime Textの標準機能であるExpand Selection to Word[14]ではファイルの末尾方向への検索しかできませんが、SuperSelectを使えば、ファイルの頭方向への検索のほか、選択のスキップ、選択範囲の反転が可能です。

> ヒント[14]
> Expand Selection to Wordについて。
> 詳しくは → P.57

パッケージ

SuperSelect

▶ インストール方法　Package Controlで「SuperSelect」を検索

▶ 対応　Mac　Win　ST3　ST2

▶ 価格　無料

▶ おすすめ度　★★★☆☆

表2　SuperSelectのショートカットキー

ショートカットキー	説明
(Mac) command + shift + . (Windows) Alt + Shift + .	次に出現する、選択中の文字列と同じ文字列を選択します。通常の command + D (Windowsでは command + D) と同じ動作です。
(Mac) command + shift + , (Windows) Alt + Shift + ,	前に出現する、選択中の文字列と同じ文字列を選択します。
(Mac) command + shift + alt + . (Windows) Alt + Shift + Ctrl + .	選択中の文字列と同じ次の文字列を、1つスキップして選択します。
(Mac) command + shift + alt + , (Windows) Alt + Shift + Ctrl + ,	選択中の文字列と同じ前の文字列を、1つスキップして選択します。
(Mac) command + shift + I (Windows) Alt + Shift + I	選択中の文字列の選択範囲を反転します。

再起動時にスクロール位置やキャレット位置も復元する

うっかり編集内容を保存し忘れたまま、突然のPCのシャットダウンなどで終了してしまっても、Sublime Textならホットセーブ機能のおかげで、編集内容が失われることはありません。

この標準のホットセーブ機能だけでも十分なのですが、BufferScrollをインストールすると、Sublime Textの終了時にスクロール位置などの状態も保存して、起動時に復元してくれて大変便利です。

> パッケージ

BufferScroll

▶ インストール方法　Package Control で「BufferScroll」を検索

▶ 対応　Mac　Win　ST3　ST2

▶ 価格　無料

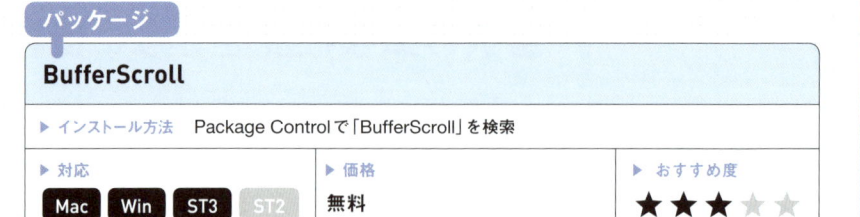

▶ おすすめ度　★★★☆☆

このパッケージで保存可能な情報は以下のとおりです。

- スクロール位置
- キャレット位置
- マーク（[Edit] メニュー→ [Mark] で設定するマーク）
- ブックマーク（[Goto] メニュー→ [Bookmark] で設定するブックマーク）
- フォールド（[Edit] メニュー→ [Code Folding] で設定する折りたたみ）
- 選択した行

また、[File] メニューから [New View into File] を選択して開いた同一ファイルでも、それぞれ別のビューに表示したファイルの状態を保存したり、状態を同期させたりすることも可能です。

設定は [Preferences] メニューから [Package Settings] → [BufferScroll] → [Settings - User] を選択し、パッケージ設定ファイルで以下のような項目を設定します（ほかの設定項目は [Settings - Default] を選択して確認できます）。

表3　BufferScroll の設定項目

設定	値	説明
synch_scroll	true / false	同一ファイル内でスクロール位置を同期します。
synch_marks	true / false	同一ファイル内でマークを同期します。
synch_bookmarks	true / false	同一ファイル内でブックマークを同期します。
synch_folds	true / false	同一ファイル内でフォールドを同期します。

以下は設定例です。

```
{
    "version": 7, // はじめからある設定値
    "synch_bookmarks" : false,
    "synch_folds" : false,
    "synch_marks" : false,
    "synch_scroll" : false
}
```

4-2 Web制作に役立つパッケージ

Sublime Textが多くのWebデザイナーやコーダーに愛されている最大の理由が、Web制作に役立つパッケージが大量に存在することです。入力を便利にしてくれるものから、編集中のHTMLをブラウザでプレビューしてくれるもの、FTPで公開作業ができるものなどさまざまなパッケージがあり、Dreamweaverに迫る強力な制作環境を作り上げることができます。

リセット用CSSやフレームワークをすばやく導入する

リセット用CSSやフレームワークなどの外部リソースを利用する場合、公開サイトからダウンロードしてきて使うというのが一般的な手順です。これらの外部リソースをコマンドパレットから導入可能にするパッケージを紹介します。

パッケージ

Nettuts+ Fetch

▶ インストール方法　Package Controlで「Nettuts+ Fetch」を検索

▶ 対応　Mac / Win / ST3 / ST2

▶ 価格　無料

▶ おすすめ度　★★★★★

Nettuts+ Fetchは、Web系のチュートリアルを発信しているNettuts+が作成した、リセット用のCSSやフレームワークなどの外部リソースをコマンドパレットか利用できるようにするパッケージです。インストールすると以下のコマンドが選択可能になります 図18 。

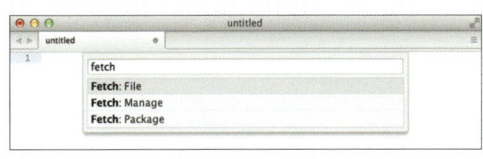

図18　Nettuts+ Fetchのコマンドリスト

Nettuts+ Fetchで設定できるのは、FilesとPackagesの2パターンあり、Filesは単体のファイル、Packagesはzip化されたファイル群になります。初期状態では、jQueryとHTML5 Boilerplateが設定されています。

```
{
  "files":
  {
    "jquery": "http://code.jquery.com/jquery.min.js"
  },
  "packages":
  {
    "html5-boilerplate": "http://github.com/h5bp/html5-boiler-plate/zipball/v2.0stripped"
  }
}
```

　「Fetch: File」を選択すると、filesに設定したリソースが現在開いているファイルに貼り付けられます 図19 。リセット用CSSを貼り付けてデザインに合わせた追記をしていく、複数のJavaScriptライブラリを1ファイルにまとめるなどの使い方があります。

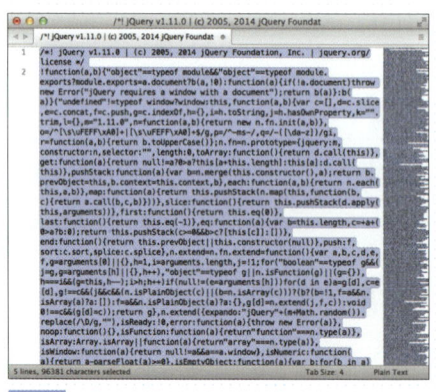

図19 jQueryが貼り付けられた状態

　「Fetch: Package」の場合は、packagesに設定したリソースをフォルダに展開します。コマンドパレットから「Fetch: Package」を選択すると、展開するフォルダを指定するフィールドが開きます 図20 。

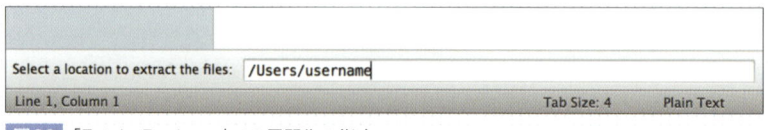

図20 「Fetch: Package」での展開先の指定

フィールドにフォルダを指定し、[Enter]を押すと展開されます。

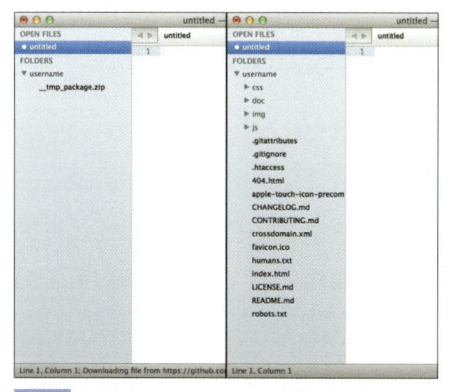

図21 HTML5 Boilerplateが展開している様子。左が展開中、右が展開後

設定を追加する

filesとpackagesに設定を追加してみましょう。

● **Normalize.css を files に追加する**

コマンドパレットから「Fetch: Manage」を開きます。Normalize.cssのURLを貼り付け、任意の名称を付けてから設定ファイルを保存すると、「Fetch: File」でNormalize.cssが貼り付けられるようになります。

```
{
  "files":
  {
    "jquery": "http://code.jquery.com/jquery.min.js",
    "normalize": "http://necolas.github.io/normalize.css/3.0.0/normalize.css"
  },
  "packages":
  {
    "html5-boilerplate": "http://github.com/h5bp/html5-boiler-plate/zipball/v2.0stripped",
  }
}
```

● **WordPress を packages に追加する**

コマンドパレットから「Fetch: Manage」を開きます。WordPress日本語版の最新版のURLを貼り付け、任意の名称を付けてから設定ファイルを保存する

と、「Fetch: Package」で最新版のWordPressを展開できるようになります。

```
{
  "files":
  {
    "jquery": "http://code.jquery.com/jquery.min.js"
  },
  "packages":
  {
    "html5-boilerplate": "http://github.com/h5bp/html5-boiler-
plate/zipball/v2.0stripped",
    "wp-latest": "http://ja.wordpress.org/latest-ja.zip"
  }
}
```

CDNに登録されている
ライブラリを簡単にリンクする

　cdnjs.com（http://cdnjs.com/）という多数のオープンソース JavaScriptライブラリをホスティングしているサービスがあります。cdnjs.comに登録されているライブラリは600を超えています。サポートしているプロトコルは http、https、spdyです。これを利用すると、ローカルにjsやcssファイルをダウンロードしてくる必要がないため、ファイル管理の手間が省けるので手軽にライブラリを試したりするときにはとても重宝します。

パッケージ

cdnjs

▶ インストール方法　　Package Controlで「cdnjs」を検索

▶ 対応	▶ 価格	▶ おすすめ度
Mac Win ST3 ST2	無料	★★★★☆

　cdnjsパッケージは cdnjs.comに登録されているライブラリを、簡単にリンクさせるコードをHTMLに貼り付けることができます。インストールしてコマンドパレットでcdnjsと入力すれば次の3つのコマンドが表示されます。

表4 cdnjsのコマンド

コマンド	説明
Import Script	スクリプトを読み込むコードを貼り付けます。
Import Entire File	ライブラリ本体のスクリプトコードを貼り付けます。
URL Only	スクリプトのURLのみ貼り付けます。

コードのカッコを見やすく＆修正しやすくする

　BracketHighlighterは、HTMLやJavaScriptなどで多用されるカッコの処理を強化するパッケージです。

パッケージ

BracketHighlighter

▶ インストール方法　Package Controlで「BracketHighlighter」を検索

▶ 対応　Mac　Win　ST3　ST2

▶ 価格　無料

▶ おすすめ度　★★★★☆

　BracketHighlighterは大きく分けて2つの機能をもっています。まずはコードの対応する開始／終了タグやカッコやクォーテーション（以降カッコ）をハイライト表示する機能です。デフォルトでも下線が表示されますが、より目立つハイライト表示になります 図22 図23 。

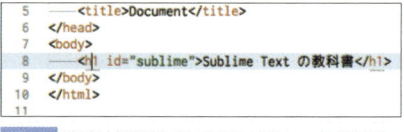

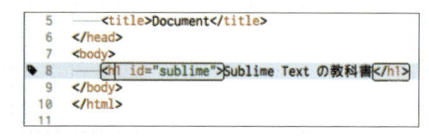

図22 開始／閉じタグの表示。デフォルト時（左）、パッケージ有効時（右）

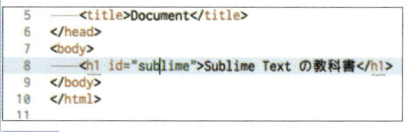

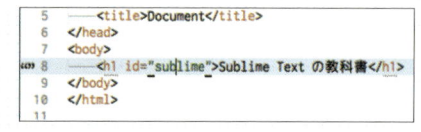

図23 引用符の表示。デフォルト時（左）、パッケージ有効時（右）

　ハイライトの見た目は、設定ファイルでタグやカッコ、引用符など、それぞれ個別に設定することができます。［Preferences］メニューから［Package

Settings］→［Bracket Highlighter］→［Bracket Settings - Users］を選択して
パッケージ設定ファイルに指定しましょう。

　そしてもう1つの機能がカッコを削除したり置換したりするコード修正機能です。HTMLのタグにキャレットを置き、コマンドパレットから「Bracket Highlighter」を選択して実行できます 図24 。

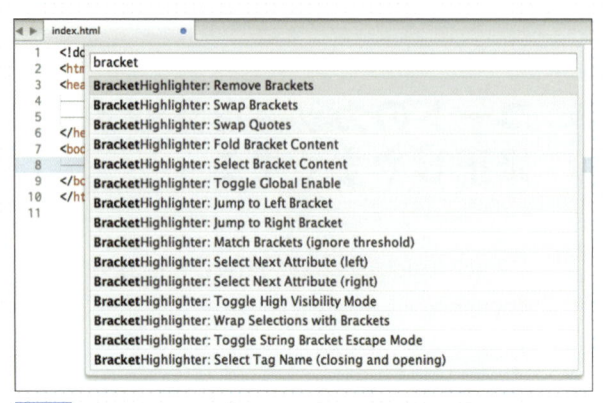

図24 コマンドパレットから「BracketHighlighter」を選択する

　よく使う機能を紹介しましょう。

表5 Bracket Highlighterのコマンド

コマンド	処理
Remove Brackers	カッコを削除します。
Swap Bracket	カッコ「{}」「()」「[]」「< >」に置換します。
Swap Quotes	シングルクォーテーションとダブルクォーテーションを入れ替えます。
Fold Bracket Content	カッコ内コンテンツを折りたたみます。
Select Bracket Content	カッコ内コンテンツを選択します。
Jump to Left Bracket	左カッコへ移動します。
Jump to Right Bracket	右カッコへ移動します。
Select Next Attribute (left)	左の要素を選択します。
Select Next Attribute (right)	右の要素を選択します。
Select Tag Name	開始タグと終了タグを選択します。
Wrap Selections with Brackets	選択箇所をカッコで囲みます。

ヒント*15
ショートカットキーの設定について。
詳しくは → P.35

　それぞれの機能はショートカットキーを設定できます。デフォルトでは割り当てられてないので、［Preferences］メニューから［Package Settings］→［Bracket Highlighter］→［Example Key Binding］を選択してサンプルのショートカットキー設定ファイルを開き、それを参考にBracket Highlighterのショートカットキー設定ファイルに追加しましょう[*15]。

コード補完やコードチェック、コード整形を行う

ここではSublime Textのコード補完機能を強化し、正確なコードを入力する助けとなるパッケージをいくつか紹介します。

> **パッケージ**

SublimeCodeIntel

▶ インストール方法　Package Controlで「SublimeCodeIntel」を検索

▶ 対応　Mac　Win　ST3　ST2

▶ 価格　無料

▶ おすすめ度　★★★★☆

関数や変数などの定義元へジャンプしたり、コード補完を自動的に表示したりする働きをもつパッケージです。以下のショートカットキーで利用します。

表6　SublimeCodeIntelのショートカットキー

機能	ショートカットキー
定義元へジャンプ	(Mac) control + クリック または control + cmd + option + ↑ (Windows) Alt + クリック または Ctrl + Windows + Alt + ↑
ジャンプ先から戻る	(Mac) control + cmd + option + ← (Windows) Ctrl + Windows + Alt + ←
コード補完の表示	(Mac) control + shift + space (Windows) Ctrl + Shift + Space

> **パッケージ**

SublimeLinter

▶ インストール方法　Package Controlで「SublimeLinter」を検索

▶ 対応　Mac　Win　ST3　ST2

▶ 価格　無料

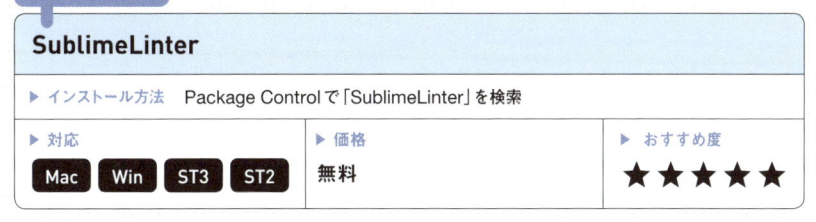

▶ おすすめ度　★★★★★

リアルタイムでコードの構文をチェックしてくれるパッケージです。チェックする言語によってはNode.jsまたはRubyのインストールが必要となります。Sublime Text 3と2でパッケージのバージョンが異なり、バージョン2用のパッケージはすでに更新を終了しているようです。ここでは現行のSublime Text 3用のパッケージの使い方を紹介します。

SublimeLinterパッケージのインストールとは別に、言語別パッケージのイン

ストールが必要です。例として、CSSで使用する場合あれば「SublimeLinter-csslint」をインストールします 図25 。

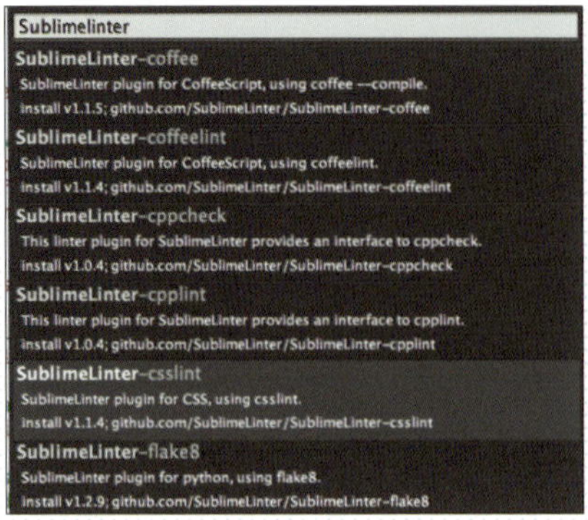

図25 SublimeLinter-csslintをインストール

また、「csslint」コマンドが必要になるのでコマンドラインからインストールします。ターミナルなどに以下のコマンドを入力してください[*16]。

```
npm install -g csslint
```

パッケージおよびcsslintをインストールすると、自動的に構文がチェックされます 図26 。うまくいかない場合は一度Sublime Textを再起動してみましょう。

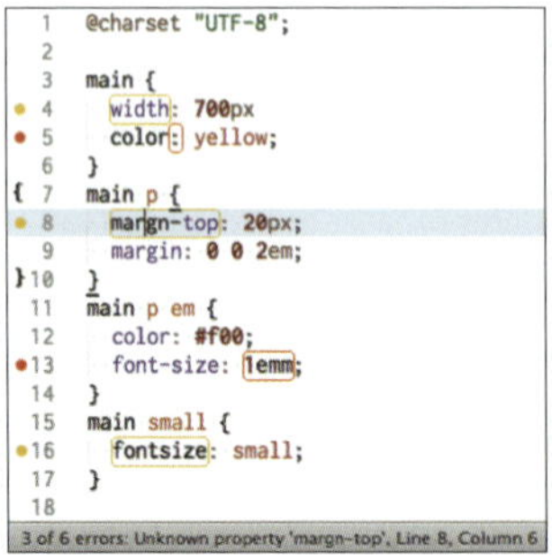

図26 エラーをハイライト表示

チェックして問題があった箇所がハイライト表示されます。エラーだけではなくCSSの品質チェックもしてくれます。ハイライトの箇所にキャレットを合わせると、ステータスバーに指摘の意味が表示されます。また、保存する際にもダイアログが表示されます。ダイアログ表示などの挙動は、ウィンドウ内を右クリックして[SublimeLinter]を選択して設定できます。

公式サイト（http://sublimelinter.readthedocs.org/en/latest/）に、Sublime Linterのコマンドやインストール方法の詳細が載っているので、そちらも確認してください。

> ヒント[*16]
>
> npmはNode.jsのパッケージマネージャーなので、Node.jsがない場合はhttp://nodejs.org/からインストールします。
> また、Macでコマンドを実行する際は、npmの前に「sudo」を付けます。

パッケージ

All Autocomplete

▶ インストール方法　Package Controlで「All Autocomplete」を検索

▶ 対応　Mac　Win　ST3　ST2　　▶ 価格　無料　　▶ おすすめ度　★★★★★

　All Autocompleteはコード補完を強化するパッケージです。デフォルトでは補完しないファイル中のワードを補完します。CSSのセレクタ入力時にHTMLのclassを保管するといったように、開いている別のファイルからもコードを補完することができます 図27 。

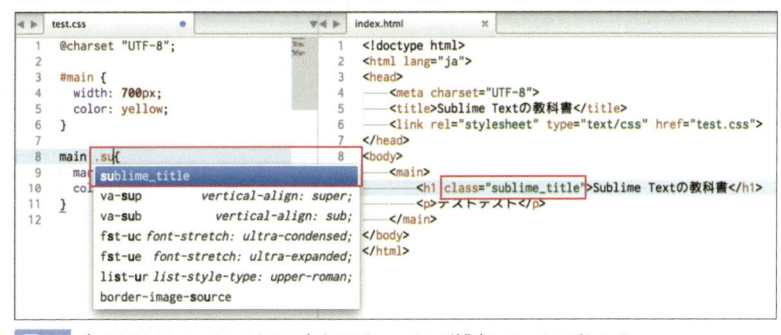

図27　右のHTMLファイルのクラス名をCSSファイルが補完しているのがわかる

パッケージ

Alignment

▶ インストール方法　Package Controlで「Alignment」を検索

▶ 対応　Mac　Win　ST3　ST2　　▶ 価格　無料　　▶ おすすめ度　★★★★☆

　Alignmentは選択範囲のコード整形を行ってくれるパッケージです。整形したい部分のコードを選択し、command + control + A（WindowsではCtrl + Alt + A）を押すと、コードが整形されます 図28 。

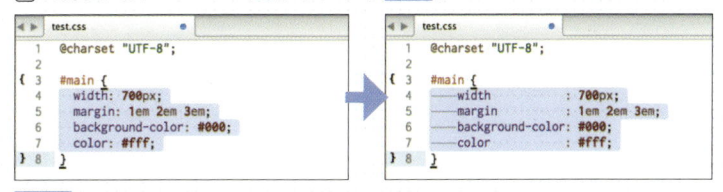

図28　選択した範囲をデフォルトの設定で整形する

前ページの図では左が入力したコード、右がAlignmentで整形したコードとなっています。整形後はカンマがスペースで同じ位置でそろえられているのがわかります。スペースをタブに変更することもできます 図29 。[Preferences]メニューから[Package Settings]→[Bracket Highlighter]→[Settings - User]を選択して、パッケージ設定ファイルに以下を追記します。

```
{
    "mid_line_tabs": true
}
```

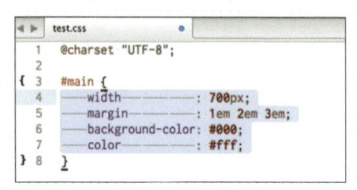

図29 整形スペースがタブに変更された

パッケージ

Tag

▶ インストール方法　Package Controlで「Tag」を検索

▶ 対応　Mac Win ST3 ST2　　▶ 価格　無料　　▶ おすすめ度 ★★★★☆

　Tagは、HTMLを整形してくれるパッケージです。タグの挿入やすべてのタグの削除(タグ内のテキストは残す)、すべての要素の削除、特定のタグのみの削除や特定の要素の削除などができます。

　コード上で右クリックすると[Auto-Format Tags on Document]というメニューが表示されるので、選択するとコードを整形してくれます。

　選択した箇所のみを整形することもできます。その場合は整形したいコード部分を選択した状態で右クリックし、[Auto-Format Tags on Selection]を選択します。ほかにも、[Edit]メニューの[Tag]にメニュー項目が追加されているので、そちらから実行することも可能です。

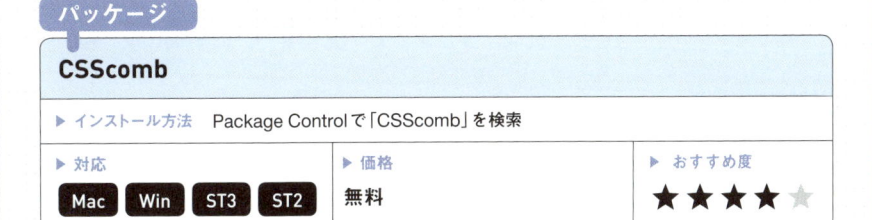

パッケージ

CSScomb

▶ インストール方法　Package Controlで「CSScomb」を検索

▶ 対応　　Mac　Win　ST3　ST2

▶ 価格　無料

▶ おすすめ度　★★★★☆

　CSScombは、単独のオンラインツールとして多くのユーザーに人気が高いCSScomb 図30 を利用し、CSS内のプロパティ記述順序をルールに沿ってソートしてくれるパッケージです。

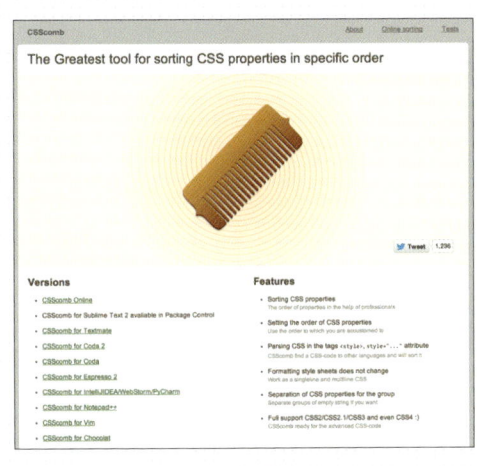

図30　オンラインツールとしても人気のあるCSScomb

　コマンドパレットから「Sort via CSScomb」を選択するか、control + shift + C（WindowsではCtrl + Shift + C）を押して実行します。

　デフォルトでは、CSScombが定めているプロパティ順でソートされます。初期設定のプロパティ順は[Preferences]メニューから[Package Settings]→[CSScomb]→[Sort Order - Default]を選択するとデフォルトのパッケージ設定ファイルで確認できます。

　並べ替えのルールを設定したい場合には、[Preferences]メニュー→[Package Settings]→[CSScomb]→[Sort Order - User]を選択し、ユーザーのパッケージ設定ファイルにデフォルトの設定を丸ごとコピーして並べ替えましょう。先頭に記述されている「custom_sort_order - User」をtrueにするとカスタムの並べ替えルールが有効になります。

```
"custom_sort_order": true,
```

インデントを賢く削除する

Smart Deleteはその名のとおり、delete で削除するときの挙動を少し賢くしてくれるパッケージです。

パッケージ

Smart Delete

▶ インストール方法　Package Controlで「Smart Delete」を検索

▶ 対応　Mac　Win　ST3　ST2
▶ 価格　無料
▶ おすすめ度　★★★★☆

次のようにインデントされたソースコードを編集しているときに、<li>と<li>の間にある改行をキャレットのある位置で fn + delete（Windowsでは Delete のみ）で削除するとします。デフォルトでは改行は削除されますが、もともと2行目にあったインデント部分までは削除されません 図31 。

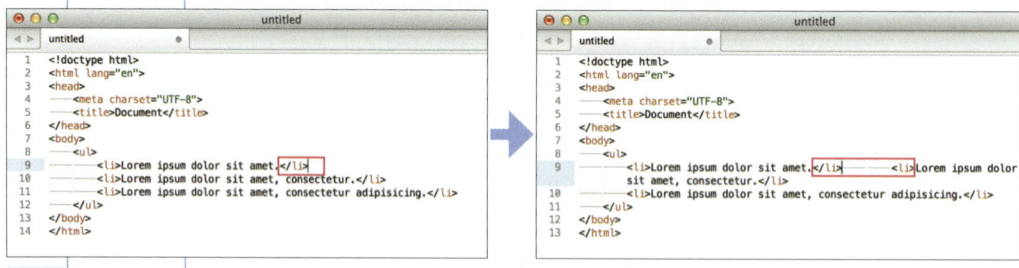

図31 インデントされたソースコードの改行を削除すると、インデントのスペースやタブが残ってしまう

Smart Deleteをインストールすると、同じ操作をした場合にインデントも同時に削除してくれるので、スペースやタブを削除するイライラから解放されます 図32 。

図32 Smart Deleteを使用するとインデントのスペースやタブも削除される

CSSの宣言をすばやく探す

パッケージ

Goto-CSS-Declaration

▶ インストール方法　Package Controlで「Goto-CSS-Declaration」を検索

▶ 対応　Mac　Win　ST3　ST2

▶ 価格　無料

▶ おすすめ度　★★★☆☆

Goto-CSS-Declarationは、HTMLやJavaScriptファイル内に記述しているclass名、id名からCSSの該当箇所に移動できるようにするパッケージです。Sublime Text 3で追加されたGoto Definition[17]と比べて、文字列を選択する必要がない、該当行を表示するパネルが開かないという違いがあります。利用する際にはCSSファイルも開いておく必要があります。デフォルトでは、CSSのほかに.sassファイルと.lessファイルに対応しています 図33 。

ヒント*17

Goto Definitionについて。

詳しくは → P.102

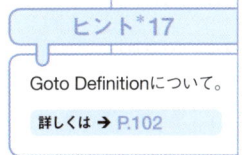

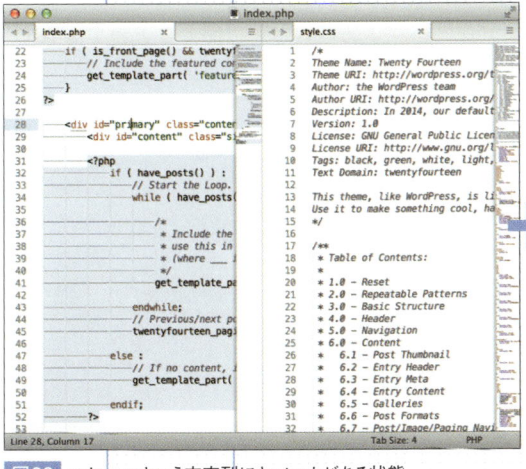

図33　primaryという文字列にキャレットがある状態

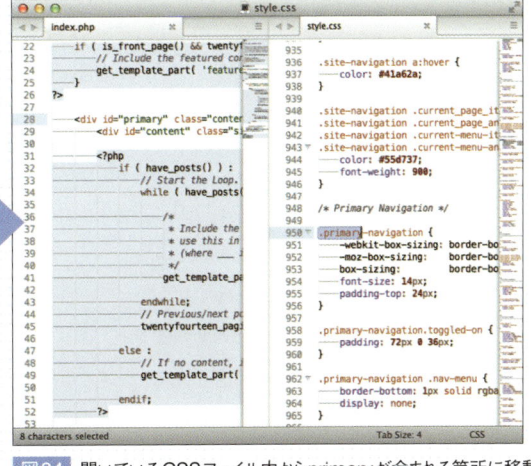

図34　開いているCSSファイル内からprimaryが含まれる箇所に移動

- 次の候補へ

　（Mac）command + →、（Windows）Windows + .

- 前の候補へ

　（Mac）command + ←、（Windows）Windows + ,

4-2　Web制作に役立つパッケージ

HTMLをブラウザで
プレビューする

エディタでHTMLやCSSを編集するたびに、ブラウザで開いて結果を確認するのは少々面倒です。DreamweaverやCodaのようにプレビューが表示できれば便利なのですが、Sublime Textにはその機能はありません。そこで、ブラウザと連携してページを表示するパッケージを紹介しましょう。すでに紹介したSideBarEnhancements[18]に「Open in Browser」という機能がありますが、そのほかにもさまざまなパッケージが存在しており、それぞれ一長一短があります。

> ヒント[18]
> SideBarEnhancementsについて。
> 詳しくは → P.138

パッケージ

View In Browser

▶ インストール方法　Package Controlで「View In Browser」を検索

▶ 対応	▶ 価格	▶ おすすめ度
Mac　Win　ST3　ST2	無料	★★★★☆

決まったブラウザで開くのであればSideBarEnhancementsで十分ですが、View In Browserは各ブラウザをショートカットキーで開くことができます。HTMLファイルを開いた状態で以下のショートカットキーを押します。

表7 ブラウザを開くショートカットキー

ブラウザ	ショートカットキー
デフォルト (Firefox)	(Mac) control + option + V、(Windows) Ctrl + Alt + V
Chrome	(Mac) control + option + C、(Windows) Ctrl + Alt + C
Firefox	(Mac) control + option + F、(Windows) Ctrl + Alt + F
Internet Explorer	(Mac) control + option + I、(Windows) Ctrl + Alt + I
Safari	(Mac) control + option + S、(Windows) Ctrl + Alt + S

[Preferences]メニューから[Package Settings]→[View in Browser]→[Setting - Default]を選択すると、デフォルト設定が確認できます。デフォルトブラウザはOSの既定ブラウザではなく、パッケージ設定ファイルの"selectedBrowser"の値で"firefox"が指定されています。また、"supportedBrowsers"内でブラウザの追加やパスの変更ができます。変更する場合は、お約束ですが[View in Browser]→[Setting - Users]を選択して、パッケージ設定ファイルに記述しましょう。

また、ショートカットキーを変更したい場合は、Sublime Textのショートカッ

> **ヒント*19**
> ショートカットキーの設定について。
> 詳しくは ➡ P.35

トキー設定ファイルを開いて設定します[*19]。記述方法は、次のショートカットキー設定を参考にしてください。

```
[
    //デフォルトブラウザ
    { "keys": [ "ctrl+alt+v" ], "command": "view_in_browser" },

    //デフォルトのサポートブラウザ名の値は "firefox","chrome","iexplore","safari"
    { "keys": [ "ctrl+alt+f" ], "command": "view_in_browser", "args": { "browser": "firefox" } }
]
```

パッケージ

Browser Reflesh

▶ インストール方法　Package Control で「Browser Reflesh」を検索

▶ 対応　Mac　Win　ST3　ST2
▶ 価格　無料
▶ おすすめ度　★★★★☆

　Browser Reflesh は Sublime Text 側で押したショートカットキーで、任意のブラウザを自動更新できるパッケージです。

　[Preferences] メニューから [Package Settings] → [Browser Reflesh] → [Key Bindings - User] を選択して、Browser Reflesh のショートカットキー設定ファイルに記述することで、以下の設定を変更できます。

```
[
    {
        "keys": ["command+shift+r"], "command": "browser_refresh", "args": {
            "auto_save": true,          // 自動保存
            "delay": 0.0,               // 遅延時間（秒）
            "activate_browser": true,   // ブラウザをアクティブウィンドウにする
            "browser_name" : "all"      // ブラウザの指定
        }
    }
]
```

　ブラウザ (browser_name) には "all"、"Firefox"、"Google Chrome"、"IE"、

"Opera"、"Safari"、"WebKit"のいずれかを指定できます。ただし "all" を指定している場合、複数のブラウザを開いているとすべてが更新されるので、ブラウザ名は指定しておくことをおすすめします。

　自動（auto_save）をtrueにすれば、ファイルの保存と同時にブラウザを更新することができて便利です。なお、更新の対象となるのは表示されているページなので、編集しているファイルと関係のないページを開いている場合は、そのページが更新されます。

> **ヒント*20**
> 執筆時点（2014年2月）ではSublime Text 3には手動インストールする必要があります。

パッケージ

LiveReload

▶ インストール方法	Package Controlで「LiveReload」を検索[20]

▶ 対応	▶ 価格	▶ おすすめ度
Mac Win ST3 ST2	無料	★★★★★

　LiveReloadはファイルを保存すると、ブラウザを自動更新してくれるパッケージです。Browser Refleshと同じ動作ですが、Browser Refleshが単純にブラウザを自動更新するだけなのに対し、LiveReloadはSublime Textで保存したファイルを認識して、対応するページを更新してくれます。また、CSSやJavaScriptなどのリンクしているファイルを保存しても更新します。

　LiveReloadを利用するには、ブラウザ側にエクステンションをインストールする必要があります。パッケージをインストールしたら、LiveReloadサイト図35から各ブラウザのエクステンションもインストールしましょう。

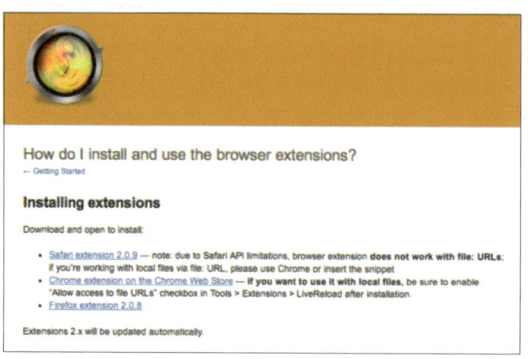

図35 Installing extensions (http://go.livereload.com/extensions/)

　Chrome、Firefox、Safari用のエクステンションが用意されており、インストールするとブラウザにボタンが追加されます。更新したいページを表示してブラウザのボタン図36をクリックすると、オートリロードが有効になります。

図36 Chrome、Firefox、Safariのオートリロードボタン

　エクステンションをインストールしなくてもスニペットコードでオートリロードすることもできます、その場合は対象のページのHTML内に、コマンドパレットから「Snipet: Insert livereload.js script」を選ぶと展開されるJavaScriptコードを記述します。

　ほかにも、Compassをコンパイルする機能もあり、config.rbがあるディレクトリのSassファイルをコンパイルできます。

　なお、執筆時点（2014年2月現在）では、Sublime Text 3にはPackage ControlからインストールしてもT正常に動作しません。GitHubページ（https://github.com/dz0ny/LiveReload-sublimetext2）から次期バージョンのdev版をダウンロードして手動でインストールを行い[21]、コマンドパレットから「Enable/disable Plug-ins」でプラグインを有効にすると動作しました。

ヒント[21]
手動インストールについて。
詳しくは → P.123

ヒント[22]
執筆時点ではまだベータ版なので自己責任で利用してください。

パッケージ

Live Style

▶ インストール方法　　Package Controlで「Live Style」を検索[22]

▶ 対応　　Win　Mac　ST2　ST3
▶ 価格　　無料（ベータ版）
▶ おすすめ度　★★★★★

　コーディングスニペットとして有名なEmmetが開発しているLive Styleパッケージ 図37 は、Sublime Textとブラウザ双方向のリアルタイム編集ができます。

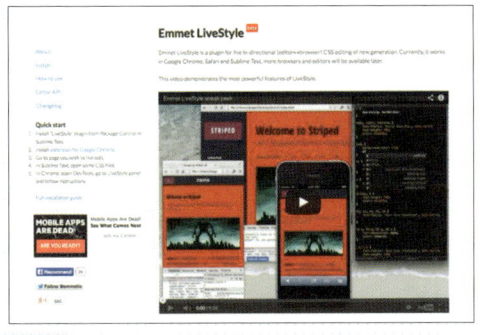

図37 Emmet LiveStyle (http://livestyle.emmet.io/)

4-2 Web制作に役立つパッケージ

パッケージをインストールしたら、Chromeウェブストアから「Emmet LiveStyle」を検索・追加しましょう。Safari用のエクステンションもあります。SafariではWebKit Nightlyビルドのインストールが必要です。

　Sublime TextでCSSファイルを開き、ChromeではHTMLファイルを開きます。デベロッパーツールを開くと、タブの右側に「LiveStyle」が追加されています。「Enable LiveStyle for current page」にチェックマークを入れてCSSファイルをリンクさせます 図38 。

図38 左がブラウザのCSS、右がSublime Textのファイル

　設定が完了してからSublime TextでCSSを変更すると、リアルタイムで変更が反映されます。また、デベロッパーツールでCSSの値を変更しても、Sublime Textの値が変更されます。

CSS プリプロセッサと HTML テンプレートエンジンを使いこなそう

　SassやLESSに代表されるCSSプリプロセッサ、HamlやJadeなどのHTMLテンプレートエンジン、そしてCoffeeScriptなどのAltJS。プリプロセッサやメタ言語と呼ばれる中間言語が、フロントエンドの言語として、昨今数多く登場しています。

　Sublime Textは、これらプリプロセッサ用のパッケージが有志により開発されており、ほとんどの言語に対応しています。ここでは、よく使われている定番パッケージ[*23]を紹介しましょう。

　Sublime Textでビルドする場合には、各言語の実行環境のインストールが必要になるので、gem（Ruby）や、npm（Node.js）などでインストールしておきましょう。

> **ヒント*23**
>
> Package ControlページのPopularページを参考にしています。
> 詳しくは ➜ P.125

CSS プリプロセッサ

パッケージ

Sass

▶ インストール方法	Package Controlで「Sass」を検索
▶ 対応	Mac　Win　ST3　ST2
▶ 価格	無料
▶ おすすめ度	★★★☆☆

　Sassは、CSSプリプロセッサの代表ともいえるSassファイルを開けるようにするパッケージです。SASS記法のsassファイル、SCSS記法のscssファイルどちらも開くことができます。ただしシンタックスモードはSassのみです。Sassのシンタックスモードで使えるようにCSSスニペットが同梱されています。

パッケージ

SCSS

▶ インストール方法	Package Controlで「SCSS」を検索
▶ 対応	Mac　Win　ST3　ST2
▶ 価格	無料
▶ おすすめ度	★★★☆☆

　SCSSは、SCSSファイルのシンタックスのパッケージです。「+」と入力する

と @include を展開するなど、SCSS記法のスニペットが用意されています。

ヒント*24
表に挙げたのは、スニペットの一部です。

表8 SCSSのスニペット *24

ショートハンド	展開後
+	@include
++	@extend
+++	@import
=	@mixin
#	#{ }

パッケージ

SASS Build

▶ インストール方法　Package Controlで「SASS Build」を検索

▶ 対応	▶ 価格	▶ おすすめ度
Mac Win ST3 ST2	無料	★★★☆☆

　SASS Buildは、Sassをビルド可能にするパッケージです。デフォルトではNestedとCompressedスタイルでビルドされます。SASS.sublime-buildファイルを設定することでスタイルや書き出しフォルダを変更できます。

パッケージ

SASS Snippets

▶ インストール方法　Package Controlで「SASS Snippets」を検索

▶ 対応	▶ 価格	▶ おすすめ度
Mac Win ST3 ST2	無料	★★★☆☆

　SASS Snippetsは、Sassのスニペットパッケージです。制御構文や全関数のスニペットが追加されます。

パッケージ

Compass

▶ インストール方法　Package Controlで「Compass」を検索

▶ 対応	▶ 価格	▶ おすすめ度
Mac Win ST3 ST2	無料	★★★☆☆

　Compassは、Sassを拡張するフレームワークCompassをビルドするパッ

ケージです。執筆時点（2014年2月）では、Sublime Text 3にはPackage Controlからインストールできませんが、GitHub経由でインストールしたところ動作を確認できました（https://github.com/WhatWeDo/Sublime-Text-2-Compass-Build-System）。

パッケージ

LESS

▶ インストール方法	Package Controlで「LESS」を検索

▶ 対応	▶ 価格	▶ おすすめ度
Mac Win ST3 ST2	無料	★★★☆☆

LESSは、Sassと共に高い人気があるLESSのシンタックスのパッケージです。LESSはJavaScriptを利用しており、ブラウザ上で直接動的にコンパイルすることもできるのが特徴です。このパッケージはLESSシンタックスモードや構文のスニペット、自動セミコロンを付与するなどの設定ができます。

パッケージ

LESS-build

▶ インストール方法	Package Controlで「LESS-build」を検索

▶ 対応	▶ 価格	▶ おすすめ度
Mac Win ST3 ST2	無料	★★★☆☆

LESS-buildは、LESSをビルドするパッケージです。

パッケージ

Stylus

▶ インストール方法	Package Controlで「Stylus」を検索

▶ 対応	▶ 価格	▶ おすすめ度
Mac Win ST3 ST2	無料	★★★☆☆

StylusはSassより後発のCSSプリプロセッサで、SASS記法とSCSS記法のようなインデントと波カッコ（{ }）の階層の判別を、同一ファイル内で同時に使うことができます。このパッケージをインストールすれば、インデントと波カッコを同時に使用した際も、Stylusシンタックスモードでわかりやすくカラーリングしてくれます。構文のスニペットも用意されており、ビルドも可能になります。

HTMLテンプレートエンジン

> **パッケージ**
>
> ## Haml
>
> ▶ インストール方法　Package Control で「Haml」を検索
>
> | ▶ 対応 | ▶ 価格 | ▶ おすすめ度 |
> |---|---|---|
> | Mac Win ST3 ST2 | 無料 | ★★★☆☆ |

　Ruby製のHTMLテンプレートエンジンであるHamlのパッケージです。Hamlのシンタックスは、Railsシンタックスの中にRuby Hamlとしてデフォルトで登録されているので、パッケージをインストールしなくてもデフォルトで開くことができます。このパッケージは構文のスニペットやショートカットキーでHTMLをHamlに変換するコマンドなどが追加されます。

> **パッケージ**
>
> ## Jade
>
> ▶ インストール方法　Package Control で「Jade」を検索
>
> | ▶ 対応 | ▶ 価格 | ▶ おすすめ度 |
> |---|---|---|
> | Mac Win ST3 ST2 | 無料 | ★★★☆☆ |

　Jadeは、Hamlから影響を受けて開発されたJavaScript製のテンプレートエンジンです。このパッケージはJadeシンタックスモードを追加します。

> **パッケージ**
>
> ## Jade Build
>
> ▶ インストール方法　Package Control で「Jade Build」を検索
>
> | ▶ 対応 | ▶ 価格 | ▶ おすすめ度 |
> |---|---|---|
> | Mac Win ST3 ST2 | 無料 | ★★★☆☆ |

　Jade Buildは、Jadeをビルド可能にするパッケージです。

パッケージ

Ruby Slim

▶ インストール方法　Package Controlで「Ruby Slim」を検索

▶ 対応　Mac　Win　ST3　ST2

▶ 価格　無料

▶ おすすめ度　★★★☆☆

　Ruby製のHTMLテンプレートエンジンSlimのシンタックスのパッケージです。構文のスニペット、インデントの無効化、コメントのショートハンドなどが含まれています。

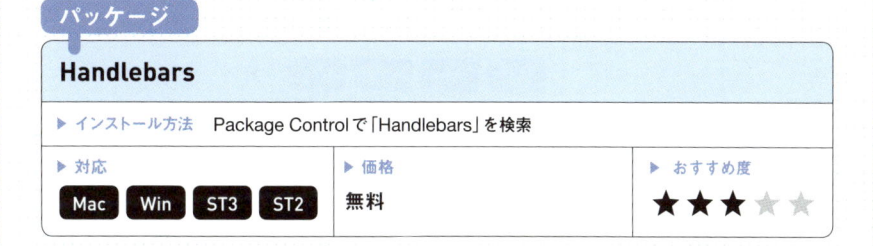

パッケージ

Handlebars

▶ インストール方法　Package Controlで「Handlebars」を検索

▶ 対応　Mac　Win　ST3　ST2

▶ 価格　無料

▶ おすすめ度　★★★☆☆

　HandlebarsはJavaScriptテンプレートエンジンであるHandlebars.jsのスニペットパッケージです。スニペットだけでなく、シンタックスも付属しています。以下のようなショートハンドが用意されており、command＋/でコメントも対応しています。

表9　Handlebarsのショートハンド

ショートハンド	展開後
if	`{{#if }}`
ifel	`{{#if }} {{else}}`
el	`{{else}}`
un	`{{#unless }}`
each	`{{#each }}`
with	`{{#with }}`
par	`{{> }}`
x-temp	`<script type="text/x-handlebars" data-template-name=""></script>`
x-id	`<script type="text/x-handlebars-template" id=""></script>`

CSS フレームワークを利用する

CSSフレームワークの定番BootstrapとFoundationを使いやすくするスニペット集をいくつか紹介します。Bootstrapのバージョンによって使えるものが異なります。

> **パッケージ**

Twitter Bootstrap Snippets

▶ インストール方法　Package Controlで「Twitter Bootstrap Snippets」を検索

▶ 対応　Mac　Win　ST3　ST2　　▶ 価格　無料　　▶ おすすめ度　★★★☆☆

Bootstrapバージョン2のスニペット集パッケージです。スニペットには「tb」の接頭辞が付けられます。Bootstrapはクラス名でレイアウトをしていくフレームワークですが、このスニペットはクラス名だけではなくHTMLのタグ一式が展開されます。スニペットはBootstrap 2のクラス名とほぼ同じです。

一部のスニペットを紹介しましょう。

表10 Bootstrap 2向けののスニペット

ショートハンド	展開後
tbstarter	<!DOCTYPE html>からBootstrapの読み込み、コンテナまでHTML一式
tbform:h	Horizontal formコンポーネント一式
tbaccordion	Accordionコンポーネント一式
tbbreadcrumbs	Breadcrumbsコンポーネント一式
tbnavbar	Navbarコンポーネント一式
tbgrid(:1-3)	3 Colum Gridコンポーネント一式
tbcarousel	Carouselコンポーネント一式
tbtabs:d	Dropdownsコンポーネント一式
tbthumbnails	Thumbnailsコンポーネント一式
tbmodal	Modalコンポーネント一式
tbbutton	`<button class="btn" type="submit"> </button>`
tblabel	`<span class="label">Label</span>`

ほかにも数多くのスニペットがあるので、詳細はパッケージのページ（http://devtellect.github.io/sublime-twitter-bootstrap-snippets/）で確認してください。

パッケージ

Bootstrap 3 Snippets

▶ インストール方法　Package Control で「Bootstrap 3 Snippets」を検索

▶ 対応	▶ 価格	▶ おすすめ度
Mac　Win　ST3　ST2	無料	★★★☆☆

　Bootstrapバージョン3のスニペット集パッケージです。スニペットには「bs3-」の接頭辞が付けられます。バージョン3でも引き続き使えるクラス名はTwitter Bootstrap Snippetsパッケージの接頭辞「tb」が「bs3-」に変わるだけです。スニペットはBootstrap 3のクラス名とほぼ同じです。こちらもHTMLが展開されます。一部のスニペットを紹介しましょう。

表11 BootStrap 3向けのスニペット

ショートハンド	展開後
bs3-template:html5	<!DOCTYPE html>からBootstrapの読み込みまでHTML一式
bs3-cdn	最新のbootstrap.min.cssとbootstrap.min.jsのlinkタグ
bs3-form	Formコンポーネント一式
bs3-table	Tableコンポーネント一式
bs3-jumbotron	Jumbotronコンポーネント一式
bs3-col(:1-12)	Columnコンポーネント一式
bs3-row	Rowコンポーネント一式
bs3-list-group	List groupコンポーネント一式
bs3-col	<div class="col-xs- col-sm- col-md- col-lg-"> </div>
bs3-icon	<i class="fa fa-name-shape-o-direction"> </i>

　ほかにも数多くのスニペットがあるので、詳細はパッケージページ（https://github.com/JasonMortonNZ/bs3-sublime-plugin）で確認してください。

パッケージ

Bootstrap 3 Jade Snippets

▶ インストール方法　Package Control で「Bootstrap 3 Jade Snippets」を検索

▶ 対応	▶ 価格	▶ おすすめ度
Mac　Win　ST3　ST2	無料	★★★☆☆

> **ヒント*25**
> Jadeのシンタックスパッケージについて。
> 詳しくは ➡ P.180

　テンプレートエンジン「Jade[*25]」で使う、Bootstrap 3のスニペット集パッケージです。スニペットは前述のBootstrap 3 Snippetsとほとんど同じで、接頭辞

が「bs3-」から「bst-」に変わるだけです。

> **パッケージ**
>
> **Foundation 5 Snippets**
>
> ▶ インストール方法　Package Control で「Foundation 5 Snippets」を検索
>
> ▶ 対応　Mac　Win　ST3　ST2
>
> ▶ 価格　無料
>
> ▶ おすすめ度　★★★☆☆

　Foundation 5 Snippetsは、ZURB Incが提供しているFoundationというレスポンシブ対応のフロントエンドフレームワーク用のスニペットパッケージです。このパッケージの開発元も ZURB Incなので公式なパッケージといえるでしょう。

　Foundationを使いこなすには、Twitter Bootstrapと同じように各コンポーネントや構造についての理解が必要です。Foundationを利用している人にとっては必須パッケージといえるでしょう。詳しい使い方については公式サイト（http://foundation.zurb.com/）をご覧ください。

　以下のショートハンドでFoundation 5のコンポーネントを展開することができます。

表12 Foundation 5向けのショートハンド

コンポーネント	ショートハンド
Offcanvas	zf-offcanvas
Topbar	zf-topbar
Sidenav	zf-sidenav
Subnav	zf-subnav
Breadcrumbs	zf-breadcrumb
Pagination	zf-pagination
Orbit	zf-orbit
Clearing	zf-clearing
Buttons	zf-button
Button Groups	zf-button-group
Split Buttons	zf-split-button
Dropdown Buttons	zf-dropdown-button
Reveal	zf-reveal
Alerts	zf-alert
Panels	zf-panel
Pricing Tables	zf-pricing-table
Progress Bars	zf-progress-bar

WordPress サイトの制作に役立つパッケージ

WordPressは、WordPressのテンプレートタグやスニペットが使えるようになるパッケージです。

パッケージ

WordPress

▶ インストール方法　Package Controlで「WordPress」を検索

▶ 対応　Mac　Win　ST3　ST2

▶ 価格　無料

▶ おすすめ度　★★★★☆

対応バージョンが3.7.0とやや古い（本書執筆時のWordPress最新版は3.8.1）ため、基本的な部分は支障ないと思いますが、WordPress Codexなどを参照して最新情報に目をとおすことをおすすめします 図39 。

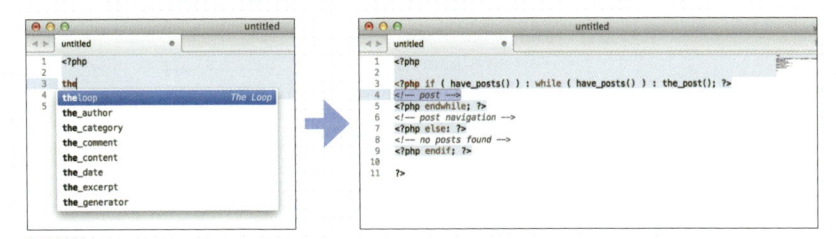

図39　候補リストからスニペットを展開

設定できるパラメーターが複数ある場合には、tab で移動できます 図40 。

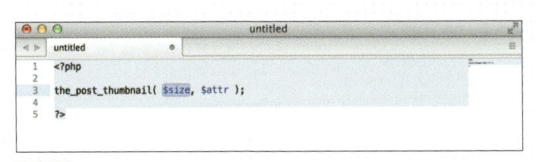

図40　パラメーターが複数ある場合

デフォルトではPHPの終了タグがないと動作しませんが、パッケージ設定ファイルに以下の追記すると終了タグがない場合でも動作するようになります。

```
"auto_complete_selector": "source, text",
```

パッケージ

Search WordPress Codex

▶ インストール方法　Package Controlで「Search WordPress Codex」を検索

▶ 対応	▶ 価格	▶ おすすめ度
Mac Win ST3 ST2	無料	★★★☆☆

　Search WordPress Codexは、WordPressのテンプレートタグを公式サイトから検索するためのパッケージです。検索結果は本家の英語版ですが、ページ内のリンクから日本語ページへ移動できます。コマンドパレットからは、選択範囲を検索と文字列を入力して検索が可能です 図41 。

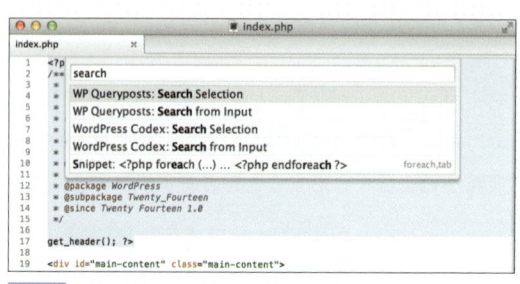

図41　コマンドパレットから検索方法を選択する

　文字列入力での検索（Search form Input）を選択すると、ステータスバーの上に入力欄が表示されます 図42 。

図42　入力欄に検索したいキーワードを入力する

　コンテキストメニューからは、選択範囲やキャレット位置にある文字列での検索ができます 図43 。

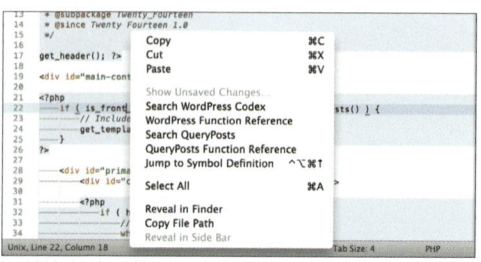

図43　調べたいキーワードを右クリックして [Search Word Press Codex] を選択する

プロが教える特撰パッケージ

Stack Overflow から
情報を探す

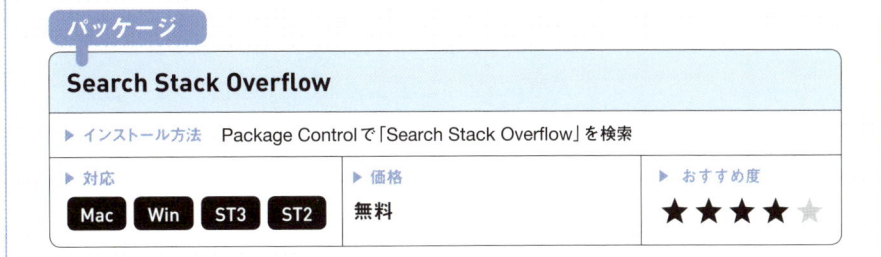

パッケージ

Search Stack Overflow

▶ インストール方法　Package Control で「Search Stack Overflow」を検索

▶ 対応	▶ 価格	▶ おすすめ度
Mac　Win　ST3　ST2	無料	★★★★☆

　Search Stack Overflow は、世界中から質問と回答がある Q&A サイト Stack Overflow 内から、キーワード検索をするためのパッケージです。英語でのやりとりにはなりますが、Web系での疑問はここでほとんど解決するのではないかというほどの情報量です。コマンドパレットからコマンドを選択し、選択範囲か文字列を入力して検索することができます 図44 図45 。

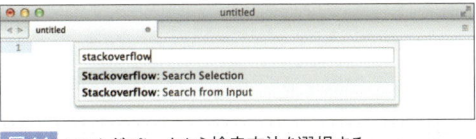

図44 コマンドパレットから検索方法を選択する

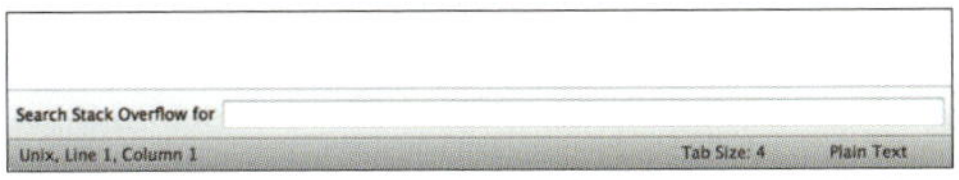

図45 入力欄に検索したいキーワードを入力する

　また、コンテキストメニューからも検索が可能です 図46 。

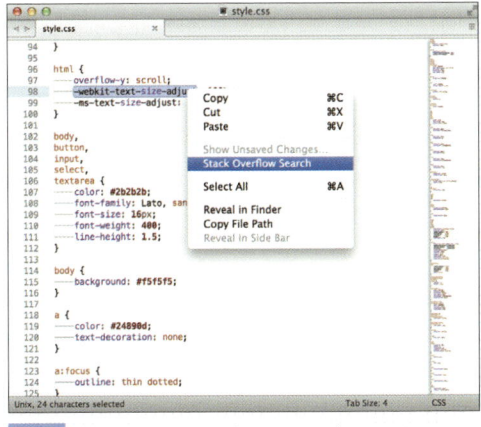

図46 検索したキーワードを右クリックして [Stack Overflow Search] を選択する

4-2　Web制作に役立つパッケージ

CSSプロパティの最新情報を「Can I Use」で確認する

　Can I Use（http://caniuse.com）は、HTMLタグやCSSプロパティのブラウザ対応を確認するために使われる定番サイトです。これをSublime Textから利用できるようにするパッケージを紹介しましょう。

パッケージ

Can I Use

▶ インストール方法	Package Controlで「Can I Use」を検索	
▶ 対応 Mac Win ST3 ST2	▶ 価格 無料	▶ おすすめ度 ★★★☆☆

　パッケージをインストールすると、キャレットのある位置もしくは選択された箇所をCan I Useで確認できるようになります。検索はショートカットキーで行います。コマンドパレットからの検索にも対応予定とのことです。

●**Can I Useで検索するショートカットキー**

（Mac）control + option + F、（Windows）Ctrl + Alt + F

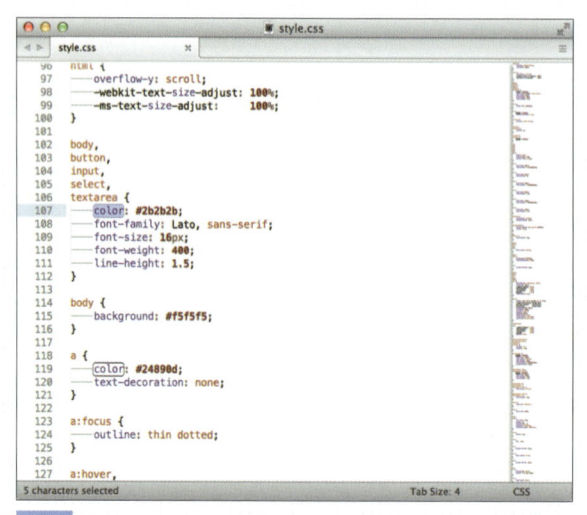

図47　プロパティを選択した状態。この状態からショートカットキーを押す

　キャレットを増やした状態で検索すると、キャレットがある位置すべてのプロパティを検索します。

④-3 EmmetやHayakuでHTML / CSSの入力を効率化する

HTMLやCSSの記述はプログラムなどに比べれば、タグやプロパティの種類もそれほど多くなく、比較的定形のパターンでの入力が多めです。そういった定型入力に役立つショートハンドを提供するパッケージを紹介します。

▌EmmetでHTML / CSSをすばやく入力する

　EmmetはHTML / CSSの入力を手早く行えるパッケージです。Zen codingの後継としてリリースされており、Sublime Textだけでなく、ほかのテキストエディタ、EclipseやNetBeansなどのIDE、Adobe Dreamweaverなどのオーサリングソフト向けにも提供され、マークアップ／フロントエンドエンジニアには非常に広く普及しています。Sublime Textにおいても、EmmetはPackage Controlの次にダウンロードが多いパッケージとなっており、実質的に一番使われているパッケージです。

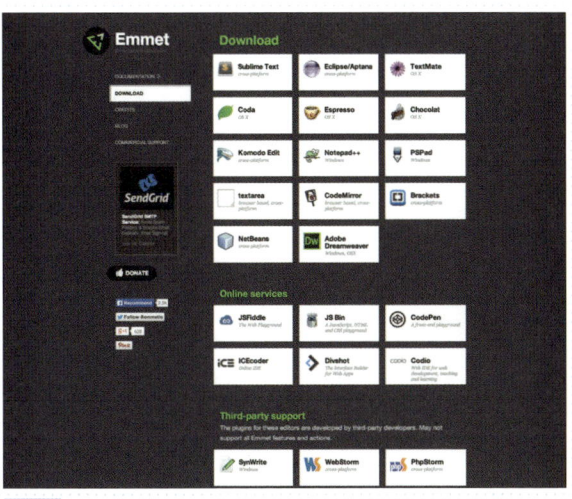

図48　Emmetのダウンロードページ（http://emmet.io/download/）。ここに表示されている以外のエディタ用のプラグインも数多く提供されている

189

Emmetパッケージをインストールすると、Sublime TextでEmmetが利用可能になります。

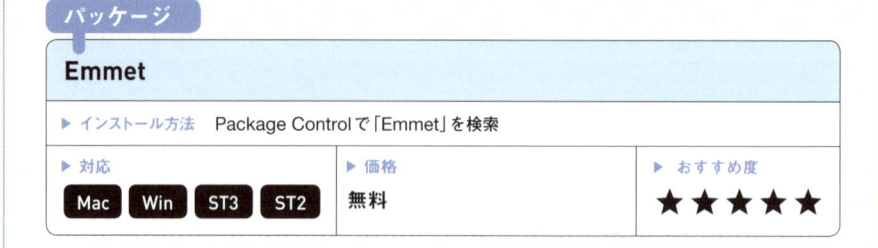

> **パッケージ**
>
> **Emmet**
>
> ▶ インストール方法　Package Controlで「Emmet」を検索
>
> ▶ 対応　Mac / Win / ST3 / ST2
>
> ▶ 価格　無料
>
> ▶ おすすめ度　★★★★★

基本的な機能

Emmetの基本的な機能を紹介します。ただし、Emmetの機能は非常に豊富なので、ここで紹介しているものはほんの一部です。詳細はパッケージのドキュメントなどを参照してください。

● HTMLの入力サポート

Emmetを利用する一番の利点は、HTMLのマークアップの時間短縮です。HTMLでは定形の入力も多いので、提供されている短縮コードの展開を利用すると大幅に入力時間を削減することができます。

例えばhtml:5と入力して tab または control + E を（Windowsでは Ctrl + E）を押して展開すると、

```html
<!doctype html>
<html lang="en">
<head>
    <meta charset="UTF-8">
    <title>Document</title>
</head>
<body>

</body>
</html>
```

という形でHTML5のコードのひな形に変換されます。ちなみに「!」でも上記の変換が行えます。

もう少し例を挙げてみましょう。次のようなHTMLを入力したいとします。

```html
<header class="site-header">
    <h1 class="site-title"><a href="/"><img src="" alt="サイト名"></a></h1>
    <p class="site-description">サイト趣旨説明文</p>
</header>
```

その場合は以下のように、記述して展開します。

```
header.site-header>h1.site-title>a[href=/]>img[alt=サイト名]^^p.site-description{サイト趣旨説明文}
```

それぞれの記述について解説していきましょう。

HTMLタグ（header、h1など）

HTMLのタグは入力すれば、閉じタグとセットで変換されます。また、空タグ（img、br、metaなど）なども適時判別して変換されます。

class属性（.site-header、.site-titleなど）

HTMLのタグにclass属性を付与したい場合は「.」を付けることで変換されます。また、複数のクラスを付与したい場合は、

```
header.site-header.fixed-block
```

このように.(クラス名)を複数タグ名に付けることで、class属性の中に変換されます。

属性の指定（[href=/]、[alt=サイト名]など）

属性は[ ]で囲みます。値が必要がない場合はクオート「"」は必要ありません。

子要素（>）

タグ内の子要素のタグを記述する区切りとして「>」を記述します。最も利用する記号の1つでしょう。

階層をさかのぼる（^）

img[alt=サイト名]^^p.site-descriptionの箇所の「^」が階層をさかのぼる指定です。この場合p.site-descriptionは、header.site-headerの直下に位置するので、img[alt=サイト名]からa[href=/]とh1.site-titleの2階層さかのぼる必要があるので「^^」と2回繰り返して記述しています。

引き続き変換の例を挙げます。

```html
<nav class="main-nav">
    <h2 class="main-nav-title">メインメニュー</h2>
    <ul class="main-nav-list">
        <li class="main-nav-item" id="main-nav01"><a href="">メニュー1</a></li>
        <li class="main-nav-item" id="main-nav02"><a href="">メニュー2</a></li>
        <li class="main-nav-item" id="main-nav03"><a href="">メニュー3</a></li>
        <li class="main-nav-item" id="main-nav04"><a href="">メニュー4</a></li>
        <li class="main-nav-item" id="main-nav05"><a href="">メニュー5</a></li>
    </ul>
</nav>
```

このようなHTMLを書き出す場合は、このように記述します。

```
nav.main-nav>h2.main-nav-title{メインメニュー}+ul.main-nav-list>li.main-nav-item#main-nav$$*5>a{メニュー$}
```

それではそれぞれの記述について解説します。

兄弟要素（+）

今回はh2.main-nav-titleと<ul class="main-nav-list">は兄弟要素となります。その場合は「+」でつなぐことで兄弟要素として展開されます。

id属性（#main-nav$$）

id属性は「#」を利用します。今回の例ではli.main-nav-item#main-nav$$と記述されているので、class属性とid属性が展開されています（$$については後述します）。

繰り返し（*）

繰り返しは「*」を使います。*5とあるので5回繰り返され、li要素とその子要素のaが5つ生成されます。

カウンター（$）

繰り返しの中で$はカウンターとして機能します。li.main-nav-item#main-nav$$*5>a{メニュー$}では、*5で5回繰り返すので、それぞれ繰り返しの回数の数字が入ります。桁数を決めて0パディング（001のように数値を0で埋めて桁ぞろえすること）したい場合は#main-nav$$の様に桁数分$を繰り返します。

● そのほかのHTML入力サポート

すでに入力されている文字列や要素を、後からマークアップする必要が出てくる場合があります。Emmetでは以下の手順で対応します。なお、ダミーテキストのLorem ipsum ...はp>loremで展開できます。

マークアップしたい文字列を選択

control + W （Windowsでは Shift + Ctrl + G）を押すと下部に入力欄が表示される（デフォルトはdiv）

マークアップするタグを入力する

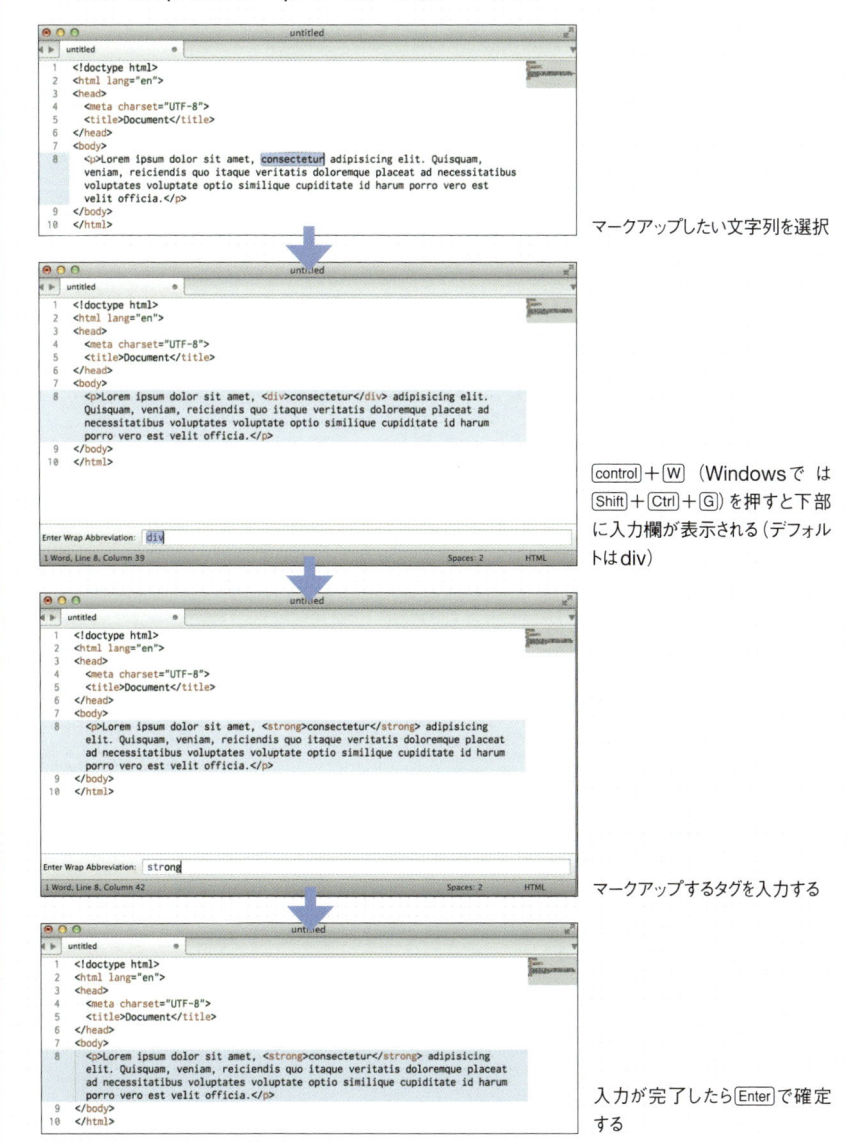

入力が完了したらEnterで確定する

図49　strongでマークアップする

また、リストなどのマークアップも可能です。

マークアップしたい文字列を選択

`control` + `W`（Windowsで は `Shift` + `Ctrl` + `G`）を押すと下部に入力欄が表示される

マークアップする内容を入力する（詳細は後述）

入力が完了したら`Enter`で確定する

図50　リストをマークアップ

ここで入力欄に入力する内容は次ページのとおりです。

```
ul>li*>a#menu-$$[title=$#][href=cont$$]{$#}
```

繰り返し記号の*は、この場合は選択した行数分の繰り返しを意味します。また、$も行数をカウントします。また、$#はプレースホルダとして利用できます。

この機能を利用していけば、まずテキストを入力し、後ほどマークアップしていくというやり方も行えます。

CSSの入力サポート

EmmetでのCSSの入力は、前身のZen codingから大きく強化され、より柔軟なショートハンドでの入力が可能になりました。入力に対して非常に柔軟になったために、変換の対応を一覧表のように示すことが難しいので、下記に変換の例を並べてみます。

表13 EmmetでのCSS入力例

入力例	変換後
m0	margin: 0;
p0	padding: 0;
m:a	margin: auto;
m10-5	margin: 10px 5px;
m0-10-5	margin: 0 10px 5px;
w100p	width: 100%;
ha	height: auto;
w20e	width: 20em;
fsz.8r	font-size: .8rem;
db	display: block;
dib	display: inline-block;
tac	text-align: center;
bgi	background-image: url();

このような感じで変換を行ってくれます。上記はあくまで例であって、例えばpad0はpadding: 0;と変換されるように、柔軟な形での変換を行ってくれます。また、HTMLと同様に、複数のプロパティを展開してくれるので、

```
posa+l0+t0+m0+p0
```

と入力して変換すれば、

```
position: absolute;
left: 0;
top: 0;
margin: 0;
padding: 0;
```

という形で展開を行ってくれます（「+」は「>」でも同様に変換します）。

さらに、プレフィックスの必要なプロパティについては、自動的に付与した変換を行ってくれます。例として

```
bgs+bsz
```

を変換すれば

```
-webkit-background-size: ;
background-size: ;
-webkit-background-size: ;
background-size: ;
```

という形で展開します。

CSSのコーディングは比較的同じような入力の繰り返しが多いので、このような形でのショートハンドの入力は、作業の効率化に大きく寄与します。利用したことがない人も一度試してみることをおすすめします。

Emmetの設定

● キーバインドの変更

Emmetの変換は tab または control ＋ E （Windowsでは Ctrl ＋ E ）を押して行いますが、control ＋ E は MacOS では行末へのキャレットの移動が割り振られています。この行末移動を利用している人の場合、非常に使いづらくなるので、変換は tab のみにするという利用法が比較的ポピュラーです。

[Preferences] メニューから [Package Setting] → [Emmet] → [Setings - User] で、Emmetのパッケージ設定ファイルを開きます。そこで、下記を記述します。

```
{
    "disabled_keymap_actions": "expand_abbreviation"
}
```

これで、変換は tab のみになります。

● 言語設定の変更

冒頭の変換例としてhtml:5を変換すると、

```html
<!doctype html>
<html lang="en">
<head>
    <meta charset="UTF-8">
    <title>Document</title>
</head>
<body>

</body>
</html>
```

と展開されますが、国内の制作であればlang="en"はlang="ja"に書き換えることになります。毎回書き換えるのはあまりスマートではないので、変換内容を変更して対応しましょう。

先ほどの変更と同様にパッケージ設定ファイルを開き、下記を追記します。

```
{
    // [ctrl + e]の無効化
    "disabled_keymap_actions": "expand_abbreviation",

    // 言語の設定
    "snippets": {
        "variables": {
            "lang": "ja",
            "locale": "ja-JP"
        }
    }
}
```

保存後、html:5を変換すると、次のように変換されるようになります。

```html
<!doctype html>
<html lang="ja">
<head>
    <meta charset="UTF-8">
    <title>Document</title>
</head>
……略……
```

変換内容の変更

　コーディングを行っていく中で、Emmetの変換では物足りないケースも出てくることがあります。その場合、登録されている変換を設定ファイルで上書きすることで変更することが可能です。例えばimgを変換した場合、

```
<img src="" alt="">
```

と展開されますが、widthとheightも入った状態で展開されるように変更してみましょう。

　こちらも先ほどの変更と同様にEmmetのパッケージ設定ファイルを開き、下記を追記します。

```
{
    // [ctrl + e]の無効化
    "disabled_keymap_actions": "expand_abbreviation",

    // 言語の設定
    "snippets": {
        "variables": {
            "lang": "ja",
            "locale": "ja-JP"
        },

        // 変換の調整
        "html": {
            "abbreviations":{
                "img": "<img width=\"\" height=\"\" src=\"\" alt=\"\" />"
            }
        }
    }
}
```

　変更前の初期設定はパッケージ内のsnippets.jsonというファイル内に記述されているので、変更前にそこを参照してください。snippets.jsonを変更しても動作しますが、バージョンアップで上書きされることもあるので、直接の変更は推奨しません。

Increment / Decrement Number

よく使う便利な機能として数値の増減ができます。数字にキャレットを合わせショートカットキーで数値を操作できます。

デフォルトのショートカットキーは以下となります。

表14 数値を増減するショートカットキー

コマンド	ショートカットキー
1増減	(Mac) control + ↑↓、(Windows) Ctrl + ↑↓
10増減	(Mac) cmd + option + ↑↓、(Windows) Shift + Alt + ↑↓
0.1増減	(Mac) option + ↑↓、(Windows) Alt + ↑↓

ほかの設定とショートカットキーがバッティングする場合は、Emmetのショートカットキー設定ファイルで変更しましょう[*26]。

> ヒント[*26]
> [Preferences] メニューから [Package Setting] → [Emmet] → [Key-Bindings- User] を選択してショートカットキー設定ファイルを開きます。

Hayaku で CSS をより柔軟に入力する

HayakuはCSSの入力に特化したパッケージです。イメージとしてはEmmetのCSSの入力機能と同等のものと理解して問題ありません。名称がHayakuですが、作成者はロシア人です。

パッケージ

Hayaku

▶ インストール方法　Package Control で「Hayaku」を検索

▶ 対応　Win / Mac / ST2 / ST3
▶ 価格　無料
▶ おすすめ度　★★★★★

Hayaku と Emmet

前述しているように両者はCSSのファジーな入力補完という似た機能を提供しています。ただし、似ているといっても入力補完の方向性はやや違います。EmmetよりはHayakuのほうがより柔軟な変換特性をもっているといっていいでしょう。例としてdisplay: inline-blockを入力する際にHayakuでは、次のような入力で変換できます。

表15 HayakuとEmmetの比較

Hayakuで利用可能な入力例	Emmetでの変換
`dib`	○
`diib`	○
`dispib`	×
`dinb`	○
`dispinb`	×

　このように、Hayakuはより「なんとなく」なショートコードでの変換を実装しています。そのため、Hayakuを利用する場合には、変換規則を覚える必要が少なく、利用する際の学習コストが少ないというメリットがあります。一方Emmetで提供しているm0-10-5→margin: 0 10px 5px;といった複数の値の入力には対応していません。これらの違いを踏まえて、どちらを利用するかを選択するということになります。

HTMLはEmmet、CSSはHayakuという設定

　では、ここはHayakuの項なので、CSSではHayakuを利用する前提で話を進めます。ただし、HTMLの入力をHayakuは提供していないので、必然的にEmmetとHayakuが同居することになります。その場合、CSSにおいては両者がバッティングしてしまうので、CSSではEmmetが動作しないように以下の手順で設定する必要があります。

❶ [Preferences]メニューから[Package Setting]→[Emmet]→[Setings - User]を選択して、Emmetのパッケージ設定ファイルを開く
❷ CSSやSassなどの入力モードで tab でEmmetが動作しないよう追記する

```
{
    // TABキーによる展開を対象の言語（ファイル）のときに無効化する
    "disable_tab_abbreviations_for_scopes":
"css,less,sass,scss,stylus"
}
```

　これで設定は完了です。ただ、この設定はEmmetの tab の変換のみを対象にしているので、 control ＋ E （Windowsでは Ctrl ＋ E ）での変換は無効化されません。これを利用してHayakuとEmmetの変換をそれぞれに適した状況で使い分けることも可能です。

CSS 内の数値をショートカットキーで増減する

Inc-Dec-Valueは数値の増減ができるパッケージです。数値にキャレットを合わせてショートカットキーで数値を操作できます。同じ機能をEmmetパッケージの「Increment / Decrement Number」でもできますが、このパッケージは数値のほかにもカラーコードなどの16進数や日付や曜日、true / false、left / rightのトグル切り替えもできます。

> **パッケージ**
>
> **Inc-Dec-Value**
>
> ▶ インストール方法　Package Controlで「Inc-Dec-Value」を検索
>
> ▶ 対応　Win　Mac　ST2　ST3
> ▶ 価格　無料
> ▶ おすすめ度　★★★★★

デフォルトのショートカットキーは以下となります。

表16 数値を増減するショートカットキー

コマンド	ショートカットキー
Inc-Dec-Value Min（1増減）	(Mac) control + ↑↓ 、(Windows) Alt + ↑↓
Inc-Dec-Value Max（10増減）	(Mac) cmd + alt + ↑↓ 、(Windows) Win + Alt + ↑↓
Inc-Dec-Value All（100増減）	(Mac) cmd + control + option + ↑↓ (Windows) Ctrl + Win + ↑↓

デフォルトでは1〜100の単位で増減できますが、パッケージ設定ファイルで単位の設定ができます。[Preferences] メニューから [Package Settings] → [Inc-Dec-Value] → [Settings - Default] を選択してデフォルトの設定を確認し、[Inc-Dec-Value] → [Settings - User] を選択してパッケージ設定ファイルにコピーして変更しましょう。

```
,    "action_inc_min":     1   // 数値を変えれば好きな値に変更できる
,    "action_dec_min":    -1   // 減らす場合の値
```

Inc-Dec-Value Allは、数字であれば100の単位で増減、HEXカラーコードではRGBAに変換、それ以外の設定しているキーワードであれば文字列を変更します。

デフォルトで変更できる値は次のとおりです。

```
yes/no                          h1/h2/h3/h4/h5/h6
true/false                      am/pm
relative/absolute/fixed         sun/mon/tue/wed/thu/fri/sat
top/bottom                      sunday/monday/tuesday/wednesday/
left/right                      thursday/friday/saturday
width/height                    jan/feb/mar/apr/may/jun/jul/aug/sep/oct/
margin/padding                  nov/dec
block/none/inline/inline-block
```

　これらの値をループして切り替えることができます。CSSプロパティなどもあり便利です。設定ファイルenumsの箇所で追加／削除することもできます。

　デフォルトのショートカットキーはEmmetの「Increment / Decrement Number」のショートカットとバッティングするので、ショートカットキーを変更しておきましょう[*27]。

> ヒント*27
>
> [Preferences]メニューから[Package Setting]→[Inc / Dec Value]→[Key-Bindings- User]を選択してショートカットキー設定ファイルを開きます。

便利な補完機能や画像ファイルの変換機能を追加する

　入力が面倒な画像のファイル名や、CSSの文字色・背景色などのカラー値、画像のBase64変換などを行うパッケージを紹介します。

パッケージ

AutoFileName

▶ インストール方法　Package Controlで「AutoFileName」を検索

▶ 対応　Mac　Win　ST3　ST2
▶ 価格　無料
▶ おすすめ度　★★★★★

　AutoFileNameは、HTMLやCSSに指定する画像のパス入力、widthとheightの値を補完してくれるパッケージです。<img>タグのsrc属性の部分にキャレットが来ると、HTMLファイルと同じ場所にあるフォルダやファイルのリストが表示されます図51。なお、srcにファイルへのパスがすでに入っている場合には動作しません。

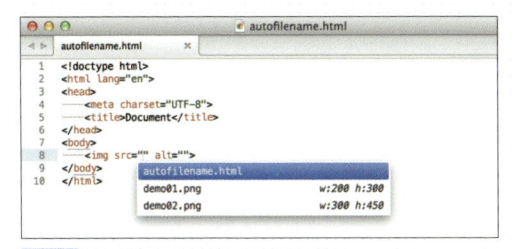

図51 同階層にあるファイルリストが表示される

ファイルリストはPackage Controlと同じように部分一致のものにもマッチしていきます。同階層以外のファイルも選択できます。デフォルトでは以下のように、height→widthの順番で補完されます 図52 。

図52 画像のパスが挿入され、自動的にheightとwidthの値が補完される

[Preferences]メニューから[Setting - User]を選択し、環境設定ファイルに次の1行を追記することでwidthとheightの順番を変更できます 図53 。

```
"afn_insert_width_first": true
```

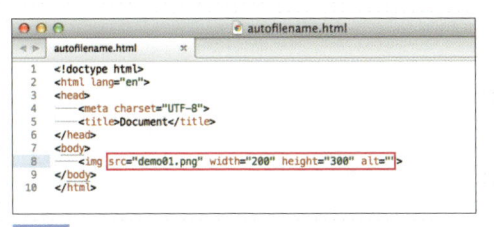

図53 widthとheightの順番を入れ替えた補完結果

画像を差し替えたとしてもwidthとheightのサイズは自動的に更新されません。

画像のパスをいったん削除して挿入し直す方法でもいいですが、widthとheightの値が変わった場合はEmmetのUpdate Image Sizeを使用すると便利です。

● **Update Image Sizeのショートカットキー**

（Mac）command + shift + I 、（Windows）Ctrl + Shift + I

<img>タグ内でこのショートカットキーを押すと、widthとheightの値が正しいものに変更されます。AutoFileNameが画像のサイズをうまく取得できない場合も、いったん画像のパスを確定してから、このショートカットキーでサイズを取得するといいでしょう。

パッケージ

Colorpicker

▶ インストール方法	Package Controlで「Colorpicker」を検索

▶ 対応	▶ 価格	▶ おすすめ度
Mac Win ST3 ST2	無料	★★★★☆

Sublime Text内でカラーピッカーを使用できるようにするパッケージです。表示されたカラーピッカーから色を選択し、決定すると色が変更もしくは挿入されます 図54 図55 。

● **カラーピッカーを表示するショートカットキー**

（Mac）command + shift + C 、（Windows）Ctrl + Shift + C

ConvertToUTF8などほかのパッケージとショートカットキーが重なる可能性が高いので、ショートカットキーの設定を変更しておいたほうがいいでしょう。

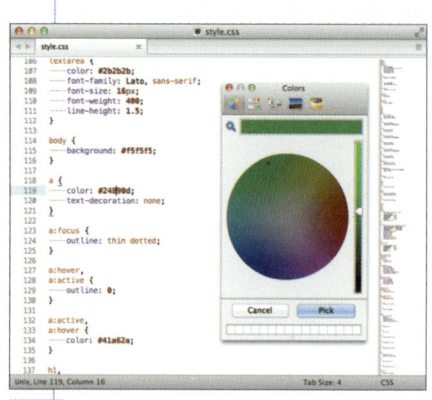

図54　MacでColorpickerを起動した状態

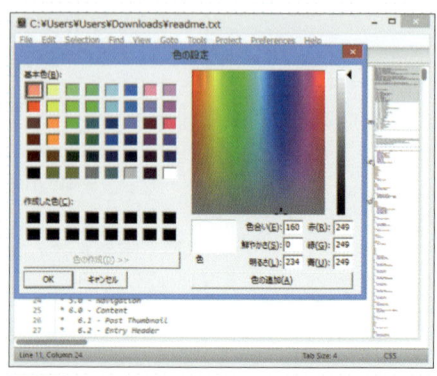

図55　WindowsでColorpickerを起動した状態

プロが教える特選パッケージ

パッケージ

Image2Base64

▶ インストール方法　Package Controlで「Image2Base64」を検索

▶ 対応	▶ 価格	▶ おすすめ度
Mac　Win　ST3　ST2	無料	★★★☆☆

　Image2Base64をインストールすると、Sublime Text上でjpegやgif、pngファイルをBASE64エンコードできるようになります。

　サイドバーに表示されている画像ファイルをクリックすると、BASE64エンコードされたものが表示されます。エンコードされたものはどこかに保存されるわけではないので、この状態でコピーをします 図56 。

図56 エンコードされた状態で表示される

　Emmetを使用している場合には、Emmetの「Encode\Decode Image to data:URL」という機能でエンコード処理ができます。画像へのパスのどこかにキャレットがある状態で、control + shift + D （Windowsでは Ctrl + '）を押します。コマンドパレットから呼び出すことも可能です 図57 。

図57 コマンドパレットからEmmetでエンコード

4-4 JavaScriptでの開発に役立つパッケージ

Web制作／開発においてJavaScriptはなくてはならないもので、JavaScript開発に費やす時間は日々増えていくばかりです。ここではJavaScript開発を便利にするパッケージを紹介していきます。さまざまなものがありますが、効率的なコーディングを行うためには**各種ライブラリに特化したパッケージを使い分けていくことが非常に大切**です。

JavaScriptのスニペット／コード補完系パッケージ

　JavaScript用のスニペットやコード補完はSublime Textの標準でサポートされていますが、よく使われるJavaScriptのライブラリやフレームワークに対応してさらに便利にするパッケージがあります。ここではそれらをまとめて紹介しましょう。

パッケージ

JavaScript Console

▶ インストール方法　Package Controlで「JavaScript Console」を検索

▶ 対応	▶ 価格	▶ おすすめ度
Mac Win ST3 ST2	無料	★★★☆☆

　JavaScript Consoleは、ブラウザが実装しているConsole APIに特化したスニペットです。

　ブラウザのコンソール表示をイメージしたかのように、>の後にconsoleのメソッド名を入力して tab で展開するという、少し変わったショートハンドなのが特徴です。コード補完にも対応しているので、console まで入力するとメソッド名の一覧が表示されます。

　また、CoffeeScriptのファイルにも対応しています。

表17 CoffeeScriptのショートハンド

ショートハンド	展開後
>assert	console.assert()
>clear	console.clear()
>count	console.count()
>debug	console.debug()
>dir	console.dir()
>dirxml	console.dirxml()
>error	console.error()
>exception	console.exception()
>group	console.group()
>groupCollapsed	console.groupCollapsed()
>groupEnd	console.groupEnd()
>info	console.info()
>log	console.log()
>profile	console.profile()
>profileEnd	console.profileEnd()
>tab	console.tab()
>time	console.time()
>timeEnd	console.timeEnd()
>timeStamp	console.timeStamp()
>warn	console.warn()

▶ パッケージ

JavaScript Patterns

▶ インストール方法　Package Controlで「JavaScript Patterns」を検索

▶ 対応　Mac　Win　ST3　ST2
▶ 価格　無料
▶ おすすめ度　★★★★☆

　JavaScript Patternsは、JavaScriptの言語仕様からくる問題点をうまくクリアするためのいくつかのパターンを集めたスニペットです。

　昨今、JavaScript界隈では非常に便利なライブラリが多く出そろってきました。それらを利用することで言語の仕様の問題を簡単に解決できますが、それらに依存しないような独自のライブラリを開発するときなどに重宝します。数は少なめですが、よく使うものがそろっているのでJavaScriptで開発する人にはおすすめです。

Immediate function	Singleton pattern	Throttle
For in	Module	Debounce
Improved for loop	Revealing module	
Constructor pattern	Memoization	

また、このスニペットのコードが実行可能なブラウザは以下のとおりです。

Chrome	Firefox	Opera 15+
Safari	Internet Explorer 8.0+	Node.js 0.10+

パッケージ

jQuery

▶ インストール方法　Package Control で「jQuery」を検索

▶ 対応　Mac　Mac　ST3　ST2　　▶ 価格　無料　　▶ おすすめ度 ★★★★☆

　Web制作においてjQueryは定番中の定番ですが、jQueryパッケージをインストールすると、jQueryのスニペットが利用できます。

　jQuery.から始まるものや、addClassやgetなどのメソッド名、click、liveなどのイベント名からスニペットを展開することが可能です。そのほかに、テスティングフレームワークのQUnitのスニペットや、jQueryのプラグイン開発に役立つテンプレートなども付属しています。

　また、jQuey (JavaScript)というシンタックスも追加されるため、jQueryのコードをきれいにハイライト表示させることもできます。

パッケージ

AndyJS2

▶ インストール方法　Package Control で「AndyJS2」を検索

▶ 対応　Mac　Win　ST3　ST2　　▶ 価格　無料　　▶ おすすめ度 ★★★★★

　AndyJS2はJavaScriptとjQueryのコード補完を提供するパッケージです。

　前述のjQueryパッケージでは $('.someClass'). と入力してもjQueryオブジェクトに対してのコード補完がないため、addClassなどを直接入力してから展開する必要がありましたが、このパッケージをインストールすればそれも補完されるようになります。

> パッケージ

Underscorejs snippets

▶ インストール方法　Package Controlで「Underscorejs snippets」を検索

▶ 対応	▶ 価格	▶ おすすめ度
Mac　Win　ST3　ST2	無料	★★★☆☆

　Underscorejs snippetsは、ユーティリティ系JavaScriptライブラリで圧倒的な人気を誇るUnderscore.jsのスニペットです。実はもう1つUnderscore.js snippetsという紛らわしいパッケージがありますが、紹介するのはUndersscoreとjsの間にドット（.）がないほうのUnderscorejs snippetsです。

　前者はしばらく更新されていませんが、後者は随時更新され、かつCoffeeScriptにも対応しているため、こちらをおすすめします。

　ショートハンドは _ と入力し、そのままメソッド名を続けて入力して展開します。

> パッケージ

Backbone.js

▶ インストール方法　Package Controlで「Backbone.js」を検索

▶ 対応	▶ 価格	▶ おすすめ度
Mac　Win　ST3　ST2	無料	★★★☆☆

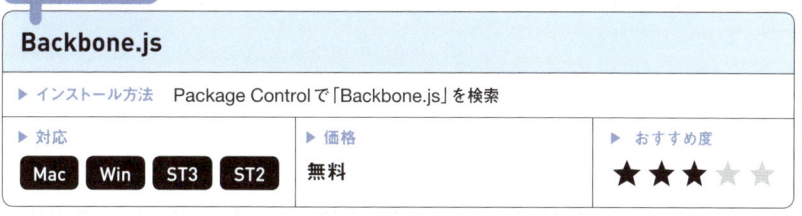

　MVCフレームワークであるBackbone.jsのコード補完機能を追加したいときは、このBackbone.jsパッケージをインストールしましょう。残念ながらコード補完をサポートしているAPIのバージョンが0.9.9から更新されていないものの、JavaScriptとCoffeeScriptに対応しています。

　以下のようなショートハンドも用意されています。

表18　Backbone.jsのショートハンド

ショートハンド	展開後
bd	Module definition
bv	Backbone.View.extend
bm	Backbone.Model.extend
bc	Backbone.Collection.extend
br	Backbone.Router.extend

パッケージ

AngularJS

▶ インストール方法　Package Controlで「AngularJS」を検索

▶ 対応	▶ 価格	▶ おすすめ度
Mac Win ST3 ST2	無料	★★★★☆

　最近盛り上がりを見せているGoogle謹製のMVWフレームワーク、AngularJS。こちらにもコード補完機能を提供するAngularJSパッケージがあります。

　インストールするとHTML（Angular.js）というシンタックスが追加されます。HTMLファイルでこのシンタックスを設定すると、中のHTMLタグがルールに沿ってハイライトされるようになり、テンプレートのコードがとても見やすくなります。

　基本的にはHTMLタグのディレクティブや、APIのコード補完はインストールすることで利用可能ですが、ソースコードをIndex（巡回処理）させることでより便利な機能を利用することができます。

　すべてのコード補完機能を利用するにはコマンドパレットでAngularJS: Rebuild Search Indexを実行してください。正常にIndexされれば以下のコード補完が利用可能になります。

- directiveのコード補完
- isolateのコード補完
- filterのコード補完
- Goto Definitionによる定義元へのジャンプ機能

　かなり詳細に設定が可能なので、詳しくはGitHubのページを参照してください。

- angular-ui / AngularJS-sublime-package
  （https://github.com/angular-ui/AngularJS-sublime-package#st2-recommended-settings）

> パッケージ

Jasmine

▶ インストール方法　Package Control で「Jasmine」を検索

▶ 対応　Mac　Win　ST3　ST2

▶ 価格　無料

▶ おすすめ度　★★★☆☆

　Jasmineパッケージは、JavaScriptのBDDテスティングフレームワークであるJasmine用のスニペットです。スニペット以外にもJasmine APIをハイライトしてくれるJasmineシンタックスも追加されます。

> パッケージ

Mocha Snippets

▶ インストール方法　Package Control で「Mocha Snippets」を検索

▶ 対応　Mac　Win　ST3　ST2

▶ 価格　無料

▶ おすすめ度　★★★☆☆

　Mocha Snippetsは、JavaScriptのBDDテスティングフレームワークであるMocha用のスニペットです。以下のようなショートハンドが用意されています。

表19　Mocha Snippetsのショートハンド

ショートハンド	展開後
desc	describe()
befr	beforeEach()
aftr	afterEach()
suite	suite()
test	test()

altJS用パッケージを利用する

　JavaScriptの不足を補うために作られた、最終的にJavaScriptに変換される言語をaltJS（alternative JavaScript＝代替JavaScript）と呼びます。CSSにおけるCSSプリプロセッサ（Sassなど）をイメージするとわかりやすいでしょう。ここではaltJS用のSublime Textのパッケージをまとめて紹介します。

パッケージ

Better CoffeeScript

▶ インストール方法　Package Controlで「Better CoffeeScript」を検索

▶ 対応　Mac　Win　ST3　ST2

▶ 価格　無料

▶ おすすめ度　★★★★☆

　Better CoffeeScriptはaltJSの代表格であるCoffeeScriptのパッケージです。特徴としては、coffeeコマンドが正しく実行できる設定にしておけば、ファイルの保存ごとに自動的にコンパイルが実行されるので、いちいち手動で実行する手間がありませんし、別途ファイル監視ツールなども使う必要がありません。また、コンパイルエラーを発見した場合はアラートで知らせてくれます。

利用するための設定

　CoffeeScriptをインストールしている状態でcoffeeコマンドが利用できるように、[Preferences]メニューから[Package Settings]→[Better CoffeeScript]→[Settings - User]を選択してパッケージ設定ファイルを開き、パスの設定を行う必要があります。ターミナルに$ which coffeeと入力し、出力されたパスをパッケージ設定ファイルのbinDirに設定してください。

　また、compileDirにはコンパイル済みのスクリプトファイルの出力先も設定することができます。何も指定していない場合は、.coffeeファイルと同階層になります。

　設定ファイルの記述例です。

```
{
    "binDir": "/usr/local/bin",
    "compileDir": "compiled/"
}
```

スクリプトのビルド（コンパイル）

　前述のとおり、このパッケージでは設定が正しければファイルの保存ごとに自動的にコンパイルが実行されます。手動でコンパイルを実行したい場合は、.coffeeファイルを開いている状態でコマンドパレットから「Coffee: Compile File」を実行すれば可能です。

　別途ビルドシステムも提供されていますが、こちらはパッケージ設定ファイルの影響を受けないので、OSの環境変数の設定が必要な場合があります。

スニペット

　スニペットのショートハンドは以下のとおりです。

表20　Better CoffeeScriptのスニペット

ショートハンド	展開後
forin	for i in array
forof	for k, v of object
fori	for i in [start..finish] by step
forx	for i in [start...finish] by step
if	if condition
el	else
ifel	if condition else
elif	else if condition
swi	switch object when value
ter	if condition then ... else ...
try	try catch e
unl	... unless condition
cla	class Name constructor: (arguments) ->

パッケージ

Better TypeScript

▶ インストール方法　Package Controlで「Better TypeScript」を検索

▶ 対応　Mac　Win　ST3　ST2
▶ 価格　無料
▶ おすすめ度　★★★★☆

　Better TypeScriptはMicrosoft謹製のaltJSであるTypeScriptのパッケージです。公式のTypeScriptパッケージはスニペットのみしか提供されていないた

め、Better TypeScriptをおすすめします。

　Better TypeScriptは前述のBetter CoffeeScriptの影響を受けているため、設定方法や提供される機能は同等のものとなっていますが、残念ながらこちらはSublime Text 3しかサポートされていません。

　こちらもtscコマンドさえ正しく実行できる設定にしておけば、ファイルの保存ごとに自動的にコンパイル、コンパイルエラーのアラート通知も動作します。

利用するための設定

　TypeScriptをインストールしている状態でtscコマンドが利用できるように、[Preferences]メニューから[Package Settings]→[Better TypeScript]→[Settings - User]を選択して、パッケージ設定ファイルにパスの設定を行う必要があります。ターミナルに$ which tscと入力して出力されたパスをパッケージ設定ファイルのbinDirに記述してください。

　また、compileDirにはコンパイル済みのスクリプトファイルの出力先も設定することができます。何も指定していない場合は、.tsファイルと同階層になります。

　設定ファイルの記述例です。

```
{
    "binDir": "/usr/local/bin",
    "compileDir": "compiled/"
}
```

スクリプトのビルド（コンパイル）

　設定によりファイル保存ごとに自動的にコンパイルされますが、手動でコンパイルを実行したい場合は、.tsファイルを開いている状態でコマンドパレットから「TypeScript: Compile File」を実行することで可能です。

　別途ビルドシステムも提供されていますが、こちらは[Settings - User]の設定の影響を受けないので、環境変数の設定が必要な場合があります。

スニペット

　スニペットは別のSublime-TypeScript-Snippetsパッケージ[*28]として提供されたものを採用しています。Better TypeScriptに含まれているので、別に導入する必要はありません。

> ヒント[*28]
> MattSeen / Sublime-TypeScript-Snippets (https://github.com/MattSeen/Sublime-TypeScript-Snippets)

パッケージ

Dart

▶ インストール方法　Package Control で「Dart」を検索

▶ 対応　Mac　Win　ST3　ST2

▶ 価格　無料

▶ おすすめ度　★★★☆☆

　Dart は JavaScript の代替として Google が開発している新言語ですが、dart2js を利用すれば JavaScript への変換も可能です。

　Dart を利用するためには Dart SDK をインストールする必要があります。SDK は各 OS で用意されているので、サイトから zip ファイルをダウンロードして好きな場所に SDK を配置してください。

- Download Dart

（https://www.dartlang.org/tools/download.html）

利用するための設定

　Dart SDK の場所を設定しておく必要があります。ただし、このパッケージ用に設定ファイルは用意されておらず、[Preferences] メニューから [Settings - User] を選択して Sublime Text の環境設定ファイルにパスの設定を記述する必要があります。

　以下は Dart SDK がユーザーディレクトリ直下に保存されていた場合の環境設定ファイルの記述例です。

```
{
    "dartsdk_path": "/Users/USERNAME/dart/dart-sdk"
}
```

スクリプトのビルド（コンパイル）

　Dart SDK のパスを設定できたらスクリプトに対して操作が可能になります。.dart ファイルを開いている状態で command + B （Ctrl + B）を押すか、コマンドパレットから「Dart dart2js」を実行することで、.js ファイルに変換することができます。そのほかにも Run、Analyzer、pub install、pub update などの Dart コマンドも実行可能です。

　少しですがスニペットも用意されています。

表21 Dart のスニペット

ショートハンド	展開後
class	class name { }
imp	import 'name';
lib	library name;
main	main() { }
mthod	void name(args) { }

JavaScirpt ファイルを圧縮する

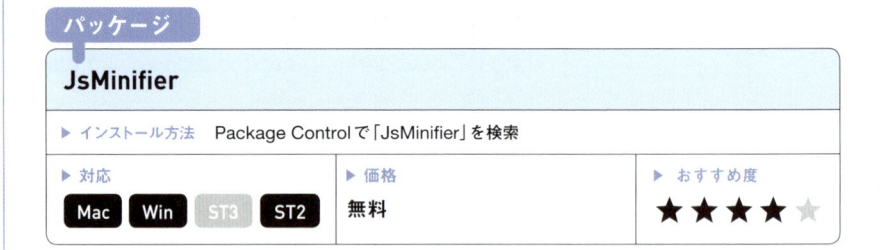

パッケージ

JsMinifier

▶ インストール方法　Package Control で「JsMinifier」を検索

▶ 対応　Mac Win ST3 ST2　　▶ 価格　無料　　▶ おすすめ度 ★★★★☆

　JsMinifier は手軽に JavaScript のソースコードを圧縮できるパッケージです。使用できるコンパイラはデフォルトでは Google Closure Compiler ですが、設定で UglifyJS に変更することも可能です。［Preferences］メニューから［Package Settings］→［Js Minifier］→［Settings - User］を選択して、パッケージ設定ファイルに以下のように設定することで変更できます。

```
{
    "compiler": "uglify_js",
}
```

　以下の操作で圧縮を実行できます。

表22 JsMinifier のコマンド

コマンド	ショートカットキー	説明
Minify Javascript	(Mac) ctrl + option + M (Windows) Ctrl + Alt + M	JavaScript のソースコードを圧縮します。
Minify Javascript to file	(Mac) ctrl + option + shift + M (Windows) Ctrl + Alt + shift + M	JavaScript のソースコードを圧縮し、.min.js 拡張子の別ファイルを作成します。

4-5 サーバサイドからMarkdownまでさまざまな言語用のパッケージ

ここまでHTML、CSS、JavaScript関連のパッケージを紹介してきましたが、Sublime Textが対応する言語はWebのフロントエンドにとどまりません。ここではPythonなどのサーバサイド言語やMarkdownなどをサポートするパッケージを紹介します。

Python開発に役立つパッケージ

PythonはSublime Textのパッケージ作成にも使われるサーバサイド言語なので、当然ながら快適に開発するためのパッケージが用意されています。

パッケージ

Python Auto-Complete

▶ インストール方法	Package Controlで「Python Auto-Complete」を検索
▶ 対応	Mac / Win / ST3 / ST2
▶ 価格	無料
▶ おすすめ度	★★★★★

Python Auto-CompleteはPythonのモジュールやビルトイン関数、マジックメソッド、例外クラスなどをコード補完してくれるパッケージです。Sublime Text標準のPythonパッケージには含まれていないキーワードなども追加されています。

関数についてはもちろん引数のスニペットも展開されるため、非常に便利です。Sublime TextでPython開発するときにはぜひインストールしておきましょう。

パッケージ

Python Flake8 Lint

▶ インストール方法　Package Controlで「Python Flake8 Lint」を検索

▶ 対応	▶ 価格	▶ おすすめ度
Mac　Win　ST3　ST2	無料	★★★★★

　PythonのスタイルガイドであるPEP8、Pythonの文法をチェックするpyflakes、そしてプログラムの複雑さをチェックするmccabe。これらを組み合わせてソースコードをチェックすることができるFlake8のSublime Text用パッケージがPython Flake8 Lintです。

　いくつかのFlake8についての動作設定が可能です。設定の詳細は[Preferences]メニューから[Package Settings]→[Python Flake8 Lint]→[Settings - Default]を選択して、パッケージ設定ファイルを確認してください。

　デフォルトの設定ではファイル保存ごとにチェックを行ってくれるようになっています。エラーの内容と位置はクイックパネルで表示され、選択することで該当行にジャンプできるのでとても便利です 図58 。

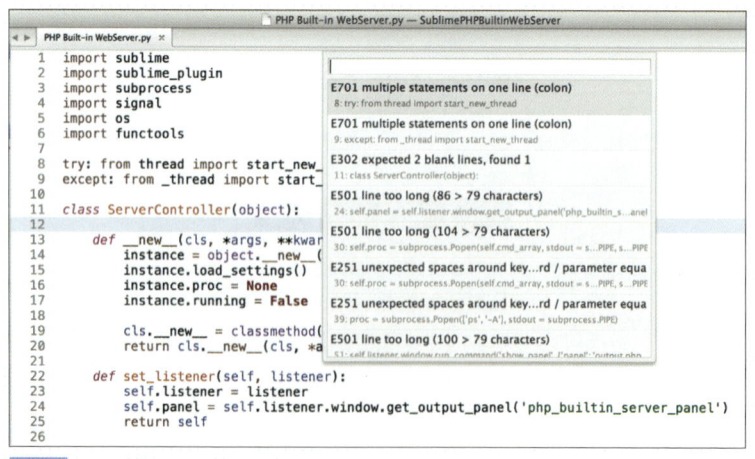

図58　エラー内容がクイックパネルで表示される

　実際に利用する際にデフォルトでは不便なところがあります。PEP8側の文字数制限がデフォルトでは79文字になっているので、これをパッケージ設定ファイルで変更しておきましょう。例では99文字に設定しています。

```
{
    "pep8_max_line_length": 99
}
```

APIドキュメント用のコメントを記述する

　DocBlockとは、Cライクな言語のソースコード中にコメントブロックでドキュメントを書くことによりAPIドキュメントを提供できるものです。記述したDocBlockコメントは、ドキュメントジェネレータで自動的にドキュメント生成を行ったり、IDEのコード保管などにも使われたりします。また、言語ごとに規約が存在しており、JavaDocやJSDoc、phpDocumentorなどがそれにあたります。ここではDocBlockコメントを記述する際に便利なパッケージを紹介しましょう。

パッケージ

DocBlockr

▶ インストール方法　Package Controlで「DocBlockr」を検索

▶ 対応　Mac　Win　ST3　ST2

▶ 価格　無料

▶ おすすめ度　★★★★☆

　DocBlockrが対応している言語は以下のとおりです。

| Javascript | ActionScript | Java | Objective C | C++ |
| PHP | CoffeeScript | Groovy | C | Rust |

コメントブロックの展開

　DocBlockrはショートハンドでのコメントブロックの展開や、関数や変数の宣言部の1行上でコメントブロックを展開すれば宣言内容を読み取って、引数の定義説明や、型の説明などのコメントも同時に展開できる優れものです。

　例えば /** を入力して Enter を押すと次のように展開されます。

```
/**
 * Double-asterisk comment blocks
 */
```

　/* を入力して Enter を押すとコメントブロックを記述することができます。

```
/*
Single-asterisk comment blocks
```

```
*/
```

コメントブロック内で Enter を押せば、そのフォーマットを崩さずに改行することができます。

関数や変数のドキュメントコメント

以下のような関数が定義されていたとします。

```
function foobar (baz, quux) {
    return baz + quux;
}
```

functionの宣言部の上の行で「/**」と入力してコメントブロックの展開を行ってみましょう。このように関数の宣言部を読み取り、引数や戻り値の説明を記述するコメントブロックが展開されるようになっています。

```
/**
 * [foobar description]
 * @param  {[type]} baz
 * @param  {[type]} quux
 * @return {[type]}
 */
function foobar (baz, quux) {
    return baz + quux;
}
```

日本語のコメントは注意

現在のバージョンではコメント内で日本語入力しようとすると、文字が反映されずに改行のみされてしまうバグがあります。//から始まるコメントで、日本語入力できるようにするには [Preferences] メニューから [Package Settings] → [DocBlockr] → [Settings - User] を選択してパッケージ設定ファイルに以下の設定を記述することで回避可能です。

```
{
    "jsdocs_extend_double_slash": false
}
```

Markdown 形式のドキュメントを ブラウザでプレビューする

Markdownは「#」などの記号をテキスト中に書き込むことで、簡単にHTMLドキュメントを生成できる軽量マークアップ言語です。主に開発者のドキュメント作成に使われており、フリーウェアなどの付属ドキュメントから原稿執筆まで幅広く利用されています。実は本書の原稿もMarkdownで執筆しています。

> **パッケージ**
>
> **Markdown Preview**
>
> ▶ インストール方法　Package Controlで「Markdown Preview」を検索
>
> ▶ 対応　Mac　Win　ST3　ST2　　▶ 価格　無料　　▶ おすすめ度　★★★★★

Markdown Previewは、MarkdownのテキストからHTMLを生成し、ブラウザでプレビューできるようにするパッケージです。インストールすると、ビルドメニューにMarkdownが追加されます。Markdownファイルを開いている状態でコマンドパレットから「Python Markdown: Preview in Browser」を選択するとブラウザが立ち上がりMarkdownがプレビューできます[29]。

そのほかにもコマンドパレットから以下が選択できます。

- **Python Markdown：Preview in Browser**
  ブラウザでプレビューします。
- **Python Markdown：Export HTML in Sublime Text**
  HTMLソースをSublime Textで開きます。
- **Python Markdown：Copy to Clipboard**
  HTMLソースをクリップボードにコピーします。
- **Markdown Preview: Open Markdown Cheat sheet**
  MarkDownのチートシートを開きます。

それぞれ「Github Flavored」というメニューもあり、GitHubのページのような見た目のHTMLを生成することもできます。

また、プレビューの外観を細かく指定したい場合は、Markdownファイルと同名のCSSを同じフォルダ内に入れておくと、それを取り込んだHTMLを生成してくれます[30]。

> **ヒント[29]**
> LiveReloadをオンにしていると、ブラウザを更新しなくても保存時にオートリロードできます。
> 詳しくは → P.174

> **ヒント[30]**
> Markdown Previewで生成したHTML内の画像などのパスは絶対パスになります。

シェルスクリプトやApacheの設定を見やすくする

パッケージ

Dotfiles Syntax Highlighting

▶ インストール方法　Package Controlで「Dotfiles Syntax Highlighting」を検索

▶ 対応　Mac　Win　ST3　ST2　　▶ 価格　無料　　▶ おすすめ度 ★★★☆☆

　Dotfiles Syntax Highlightingは、よくある.（ドット）で始まるファイルのたぐいをハイライトしてくれるパッケージです。プリインストールされているShellScriptパッケージのターゲットとなるファイルの拡張子を、.sublime-settingsファイル1つで拡張しているだけという非常にシンプルな内容のパッケージです。サポートしているファイルの種類は以下のようなものです。

.ackrc	.curlrc	.gitignore	.pkginit	.zshenv
.aliases	.exports	.hushlogin	.screenrc	.zshrc
.bash_profile	.functions	.inputrc	.symlink	.xsessionrc
.bash_prompt	.git	.npmrc	.zlogin	.wgetrc
.bashrc	.gitattributes	.osx	.zlogout	symlink
.brew	.gitconfig	.packages	.zprofile	

パッケージ

ApacheConf.tmLanguage

▶ インストール方法　Package Controlで「ApacheConf.tmLanguage」を検索

▶ 対応　Mac　Win　ST3　ST2　　▶ 価格　無料　　▶ おすすめ度 ★★★☆☆

　Web制作においてはApacheの設定や.htaccessファイルなどにも手を加えることがあります。そんなときにApacheConf.tmLanguageをインストールしておけば以下のファイルもハイライトしてくれるので見やすくなります。

| .conf | .htaccess | .htgroups | .htpasswd |

④-6 ソース管理システムや簡易Webサーバを運用する

ここまで紹介したパッケージは基本的にエディタの延長線上にありましたが、ここではGitの利用や簡易Webサーバの運用といったエディタの枠を超えるパッケージを紹介します。

Gitでソース管理／バージョン管理を行う

昨今、ソース管理といえばGitがメジャーとなってきました。ここではSublime TextからGitを操作するパッケージを紹介しましょう。

パッケージ

sublime-github

▶ インストール方法　Package Controlで「sublime-github」を検索

▶ 対応　Mac　Win　ST3　ST2
▶ 価格　無料
▶ おすすめ度　★★★★☆

あなたが普段Gistを利用しているなら、ぜひインストールしてほしいパッケージがsublime-githubです。名前にgithubが付いているのが少々混乱の元ですが、現在はGist操作がメインです。将来的にはGitHubの操作も可能とすることを目標としているようで、その点は今後に期待しましょう。いまのところ以下のような操作が可能です。

表23　sublime-githubのコマンド

コマンド	説明
Switch Accounts	アカウントを複数設定した際に利用するアカウントを切り替えます。
Private Gist from Selection	選択中、またはすべてのコードをプライベートGistとして保存します。
Public Gist from Selection	選択中、またはすべてのコードをパブリックGistとして保存します。

コマンド	説明
Copy Gist to Clipboard	自分の Gist のコードをクリップボードに登録します。
Copy Starred Gist to Clipboard	スターを付けた Gist のコードをクリップボードに登録します。
Open Gist in Editor	自分の Gist のコードを Sublime Text で開きます。
Open Starred Gist in Editor	スターを付けた Gist のコードを Sublime Text で開きます。
Open Gist in Browser	自分の Gist のコードをブラウザで開きます。
Open Starred Gist in Browser	スターを付けた Gist のコードをブラウザで開きます。
Update Gist	Open Gist in Editor で開いた Gist のコードを更新します。

API Token の設定

　このパッケージを利用するには、まず GitHub から API Token を取得して、設定ファイルに保存する必要があります。ターミナルなどで以下のコマンドを入力します。USERNAMEの部分は自分のGitHubのアカウント名に変えてください。

```
$ curl -u USERNAME -d '{"scopes":["gist"]}' https://api.github.com/authorizations
```

　コマンドを実行するとパスワードを聞かれるので、あなたのGitHubアカウントのパスワードを入力してください。

```
Enter host password for user 'USERNAME':
```

　正しく認証できると、以下のような結果が返ってきます。その中の token の値をコピーしておきましょう。

```
{
    "id": xxxxx,
    "url": "https://api.github.com/authorizations/xxxxxxx",
    "app": {
        "name": "GitHub API",
        "url": "http://developer.github.com/v3/oauth/#oauth-authorizations-api",
        "client_id": "00000000000000000000"
    },
    "token": "xxxxxxxxxxxxxxxxxxxxxxxxxxxxxxxxxxxxxxxx",
    "note": null,
    "note_url": null,
```

```
    "created_at": "2014-01-01T00:00:00Z",
    "updated_at": "2014-01-01T00:00:00Z",
    "scopes": [
        "gist"
    ]
}
```

　[Preferences]メニューから[Package Settings]→[GitHub]→[Settings - User]を選択し、パッケージ設定ファイルに以下のような形式で記述してください。github_tokenのところに先ほどコピーしておいたtokenの値をコピーすれば、API Tokenの設定は完了です。

```
{
    "accounts": {
        "GitHub": {
            "base_uri": "https://api.github.com",
            "github_token": "xxxxxxxxxxxxxxxxxxxxxxxxxxxxxxxxxxxxxxx"
        }
    }
}
```

> パッケージ

SublimeGit

| ▶ インストール方法 | Package Controlで「SublimeGit」を検索 |

▶ 対応	▶ 価格	▶ おすすめ度
Mac Win ST3 ST2	€10.00	★★★☆☆

　SublimeGitを使えば、Sublime Text上でGitの各種操作が簡単に行えるようになります。また、基本的な機能のほかに、GitflowやLe·gitといったGitワークフローにも対応しています。これらは別途インストールが必要です。

- **SublimeGit**
  （https://sublimegit.net/）
- **GitFlow**
  （https://github.com/nvie/gitflow）
- **Le·git**
  （http://www.git-legit.org/）

このパッケージは有料ですが、試用期間も機能制限もありません。SublimmeGitの操作を行うと、ときどきライセンス購入を促すアラートが表示されるので、継続して使用するのであればぜひライセンスを購入しましょう。支払いはサイト上のPayPalで簡単に済ませることができます。

- **Your SublimeGit Order**

（https://sublimegit.net/buy）

ライセンスの登録はコマンドパレットでAdd Licenseを実行し、Emailとライセンスキーを入力することで完了します。

操作方法

Gitの機能はほぼ網羅されていますが、本書内ではすべてを紹介しきれないので基本的な操作方法を紹介します。

- **ステータス表示**

ステータスを表示するにはコマンドパレットで「Git: Status」を実行します。すると*git-status*ファイルが開き、このファイル内にステータスの内容が表示されます。

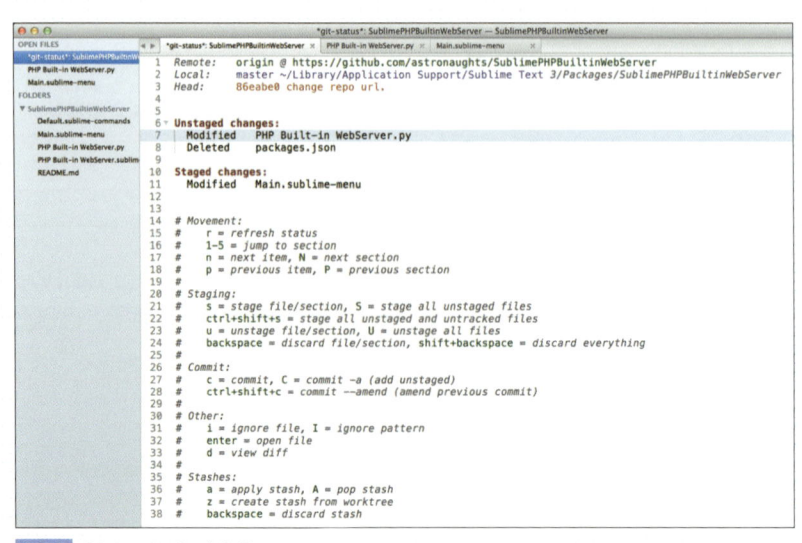

図59 Gitのステータスを表示

また、「Git: Quick Status」でクイックパネル上で簡易的なステータスを確認することもできます。

●変更内容の操作

　Git: Statusコマンドで開いたファイルは編集が不可能になっており、表示されている変更点のあるファイル名にキャレットを合わせてキー入力することでリポジトリへの各操作ができるようになっています。

　例えば、ステージに追加したい場合はファイル名にキャレットを合わせて⑤を押します。逆にステージから外したい場合は⑪を押します。コミットしたい場合は©を押すことでコミットコメントを入力するCOMMIT_EDITMSGファイルが開きます。ファイルの1行目にコミットコメントを入力し、ファイルを閉じるとコミットが完了します。

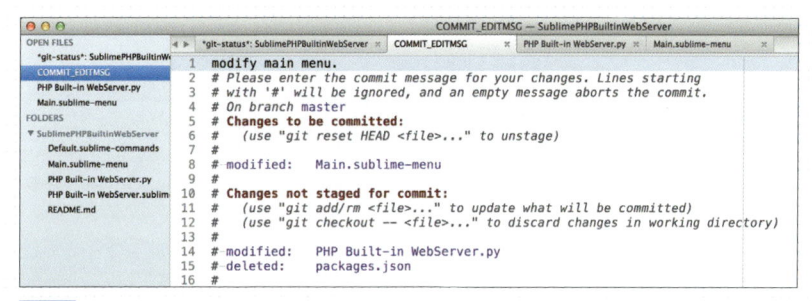

図60 コミット

●ブランチの切り替え

　ブランチを切り替えるときは「Git: Checkout」コマンドを実行します。クイックパネルでブランチの切り替えができます。

●そのほかの機能

　そのほかの機能も一部紹介しますが、これ以外にもたくさんの機能が用意されています。

表24 SublimeGitのコマンド

コマンド	説明
Git: Fetch	リモートからデータを取得します。
Git: Pull Current Branch	リモートから現在のブランチのデータをプルします。
Git: Push Current Branch	リモートに現在のブランチのデータをプッシュします。
Git: Merge	ブランチをマージします。
Git: Stash	現在の変更内容を一時退避します。
Git: Diff	変更した内容の差分を表示します。

Sublime Text で
簡易 Web サーバを運用する

　ページ制作の際は頻繁にローカル環境で結果を確認します。しかし、例えば jQuery を CDN で利用する際に <script src="//ajax.googleapis.com/ajax/libs/jquery/1.11.0/jquery.min.js"></script> という形で「//」から始める場合や、ajax を利用する場合など、Web サーバをとおした形でないと正常に動かないケースも少なくありません。そういった場面に役立つ、パッケージの導入だけで運用できる Web サーバを紹介しましょう。

パッケージ

SublimeServer

▶ インストール方法　Package Control で「SublimeServer」を検索

▶ 対応　Mac / Win / ST3 / ST2
▶ 価格　無料
▶ おすすめ度　★★★★★

　SublimeServer は、シンプルな Web サーバを起動するプラグインです。別途ソフトウェアをインストールする必要がなく、パッケージを導入するだけで利用できます。Package Control でインストールした後、下記の手順だけですぐに利用できます。

SublimeServer を起動する

　[Tools] メニューから [SublimeServer] → [Start SublimeServer] を選択します 図61。この時点で SublimeServer が起動している状態になります。

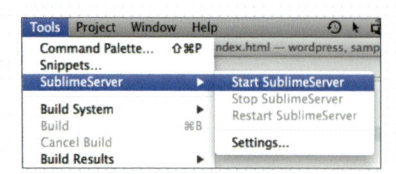

図61　SublimeServerを起動

　編集中のファイルを SublimeServer で表示するには、表示したいファイルを開いて、ウィンドウ内で右クリックしてコンテキストメニューを表示し、[View This File in Browser] を選択します。

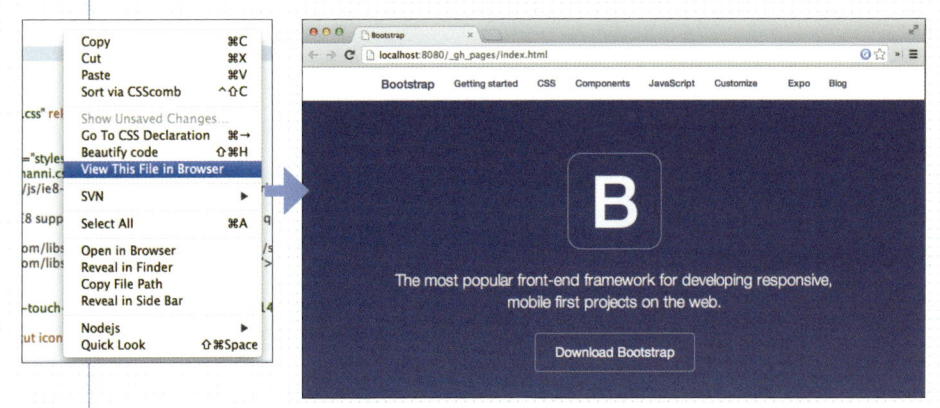

図62 [View This File in Browser]を選択すると、ブラウザ上で表示される

　SublimeServerで表示する際のURLは、デフォルトでhttp://localhost:8080/（プロジェクト名）/になります。そのため、パスの記述次第（/からの絶対パスなど）では利用できません。

　ポート番号の変更や自動起動などの設定は、[Tools]メニューから[SublimeServer]→[Settings]を選択して行えます。

FTPでファイルをアップロードする

　Sublime SFTPはSublime TextでFTP、FTPS、SFTPでのファイル転送を行うパッケージです。有料ですが、無償での機能制限なし、無期限の評価利用も可能です。

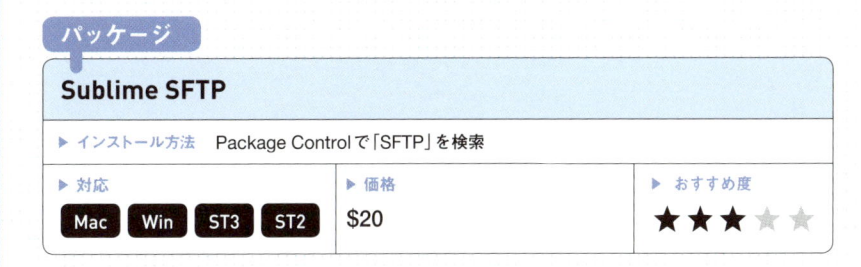

パッケージ

Sublime SFTP

▶ インストール方法　Package Controlで「SFTP」を検索

▶ 対応	▶ 価格	▶ おすすめ度
Mac　Win　ST3　ST2	$20	★★★★★

リモートサーバの設定

　Sublime SFTPは、基本的にProjectを前提として動作するので、プロジェクトを作成して設定を行います。プロジェクトの作成後、サイドバーでプロジェク

トファイルを右クリックして［SFTP/FTP］→［Map to Remote］を選択します。

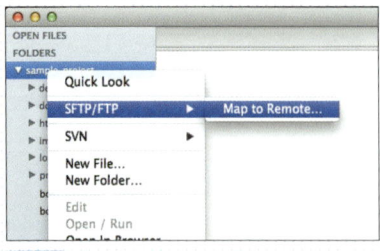

図63 プロジェクトからSFTPの設定を開始する

選択するとプロジェクトのルートフォルダにsftp-config.jsonというファイルが生成されます。これにリモートサーバの設定を反映させます。以下がデフォルトの状態です。

```
{
    // The tab key will cycle through the settings when first created
    // Visit http://wbond.net/sublime_packages/sftp/settings for help

    // sftp, ftp or ftps
    "type": "sftp",

    "save_before_upload": true,
    "upload_on_save": false,
    "sync_down_on_open": false,
    "sync_skip_deletes": false,
    "sync_same_age": true,
    "confirm_downloads": false,
    "confirm_sync": true,
    "confirm_overwrite_newer": false,

    "host": "example.com",
    "user": "username",
    //"password": "password",
    //"port": "22",

    "remote_path": "/example/path/",
    "ignore_regexes": [
```

```
        "\\.sublime-(project|workspace)", "sftp-config(-alt\\d?)?\\.json",
        "sftp-settings\\.json", "/venv/", "\\.svn/", "\\.hg/", "\\.git/",
        "\\.bzr", "_darcs", "CVS", "\\.DS_Store", "Thumbs\\.db", "desktop\\.ini"
    ],
    //"file_permissions": "664",
    //"dir_permissions": "775",

    //"extra_list_connections": 0,

    "connect_timeout": 30,
    //"keepalive": 120,
    //"ftp_passive_mode": true,
    //"ftp_obey_passive_host": false,
    //"ssh_key_file": "~/.ssh/id_rsa",
    //"sftp_flags": ["-F", "/path/to/ssh_config"],

    //"preserve_modification_times": false,
    //"remote_time_offset_in_hours": 0,
    //"remote_encoding": "utf-8",
    //"remote_locale": "C",
    //"allow_config_upload": false,
}
```

この中から、最小限の設定を抜き出して解説します。

プロトコルの設定

sftp / ftp / ftpsの中から転送に利用するプロトコルを指定します。

```
// sftp, ftp or ftps
"type": "sftp",
```

リモートサーバの情報

リモートサーバのホスト名と、リモートサーバに接続する際のユーザー名、remote_pathにはリモートサーバ側のパスを記述します。パスワードを設定する際には、passwordのコメントアウトを外して設定してください。

```
    "host": "example.com",
    "user": "username",
    //"password": "password",
    //"port": "22",

    "remote_path": "/example/path/",
```

　ここまでの設定を保存してプロジェクトのルートフォルダを右クリックすると、先ほどとコンテキストメニューの内容が変わっています 図64 。

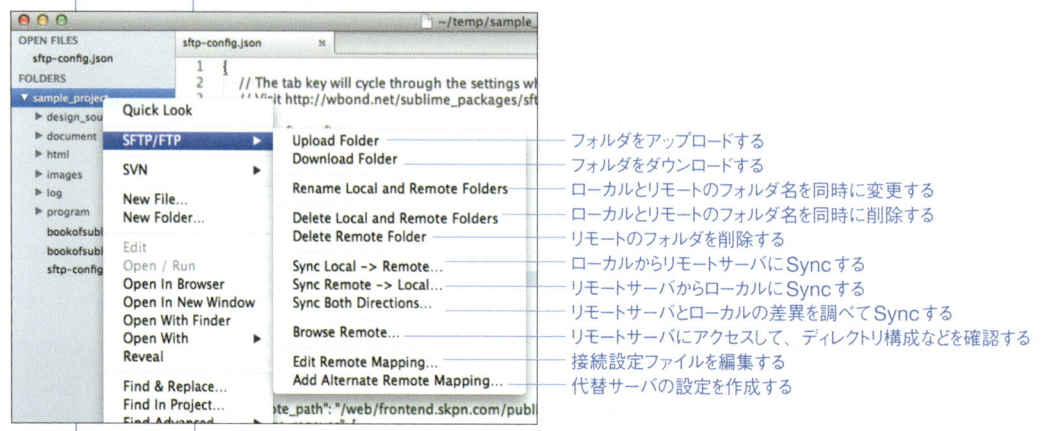

図64 設定後のメニュー

- Upload Folder ── フォルダをアップロードする
- Download Folder ── フォルダをダウンロードする
- Rename Local and Remote Folders ── ローカルとリモートのフォルダ名を同時に変更する
- Delete Local and Remote Folders ── ローカルとリモートのフォルダ名を同時に削除する
- Delete Remote Folder ── リモートのフォルダを削除する
- Sync Local -> Remote... ── ローカルからリモートサーバにSyncする
- Sync Remote -> Local... ── リモートサーバからローカルにSyncする
- Sync Both Directions... ── リモートサーバとローカルの差異を調べてSyncする
- Browse Remote... ── リモートサーバにアクセスして、ディレクトリ構成などを確認する
- Edit Remote Mapping... ── 接続設定ファイルを編集する
- Add Alternate Remote Mapping... ── 代替サーバの設定を作成する

フォルダの転送

　それでは、フォルダをリモートサーバに転送します。該当のフォルダで右クリックをして、[Upload Folder]を選択します 図65 。

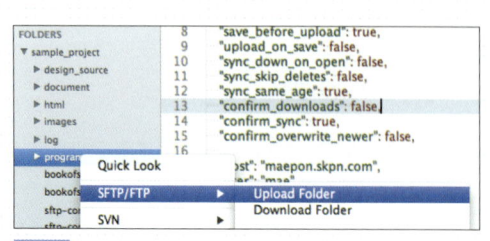

図65 フォルダを転送

　転送が完了したら、[Browse Remote]でリモートサーバの状態を確認してみます 図66 。

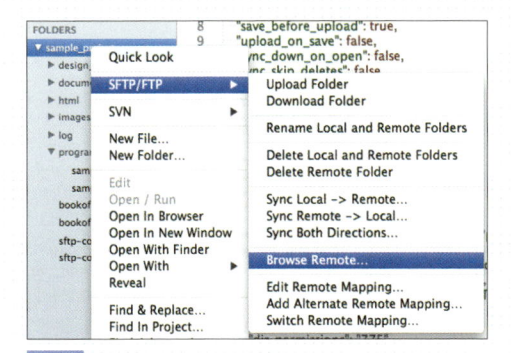

図66 リモートサーバの状態を確認

[Browse Remote]のパネルが表示され、転送したフォルダがリモートサーバに存在していることが確認できます。

ファイルの転送

ファイルの転送は、フォルダと同様にサイドバーで右クリックを行うか、ファイルを開いてウィンドウ内で右クリックを行うと、コンテキストメニューから操作できます。フォルダのときとは異なるメニュー項目が表示されます**図67**。

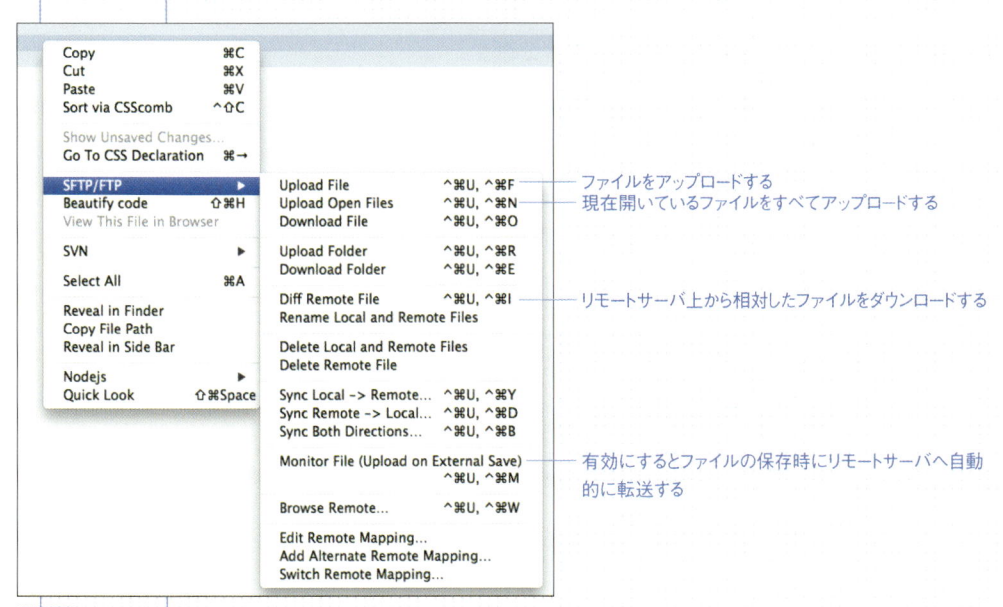

図67 ファイル操作のメニュー

[Monitor File]は対象のファイルが開いているときだけ動作します。閉じてしまうと自動的に転送されないので注意してください。

Browse Remote の機能

[Browse Remote] を選択すると表示されるパネルでの機能を解説します 図68。

```
skpn.com:/web/frontend.skpn.com/public_html/_sftp
• Folder actions ─── フォルダの操作メニューを呼び出す
• Up a folder   ─── 親フォルダに移動する
  program/      ─── ディレクトリ名を選択して該当のフォルダに移動する
```

図68 Browse Remote パネル

Folder Actions の機能

上記の [Folder Actions] を選択した場合、以下の機能を利用できます 図69。

```
skpn.com:/web/frontend.skpn.com/public_html/_sftp
• Back to list  ─── 戻る
• New file      ─── ファイルを作成する
• New folder    ─── フォルダを作成する
• Download      ─── ダウンロードを行う
• Rename        ─── フォルダ名のリネームを行う
• Chmod         ─── パーミッションの設定を行う
• Delete        ─── フォルダを削除する
```

図69 Folder Actions の機能

　[Download] を選択してダウンロードを行った場合、設定ファイルに記述したremote_pathの配下のディレクトリであれば、その構造を維持してダウンロードされます。その際に、ローカル側に親フォルダが存在しない場合は、自動的にフォルダを生成します。

ファイルを選択したときのメニュー

ファイルを選択した場合、以下の機能を利用できます 図70。

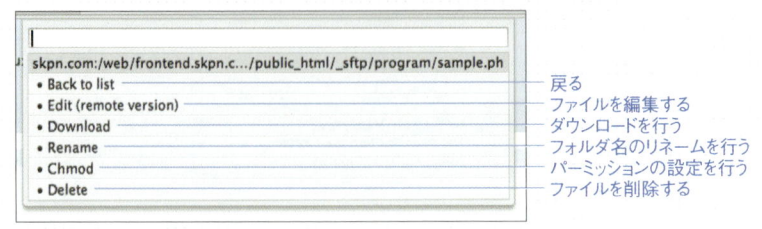

```
skpn.com:/web/frontend.skpn.c.../public_html/_sftp/program/sample.ph
• Back to list         ─── 戻る
• Edit (remote version) ─── ファイルを編集する
• Download             ─── ダウンロードを行う
• Rename               ─── フォルダ名のリネームを行う
• Chmod                ─── パーミッションの設定を行う
• Delete               ─── ファイルを削除する
```

図70 ファイル選択時のメニュー

　[Edit] は直接リモートサーバのファイルを編集します。そのため、ローカル側

のファイルに編集が反映されることはありません。

そのほかの設定項目

必要に応じて、同期時や上書き時に確認メッセージを表示させたり、一部のファイルを転送しないように無視させたりするなどの設定に変更できます。まずは、動作面の設定です。

```
// リモートサーバへの転送を行う前に保存する
"save_before_upload": true,

// ファイルの保存時にリモートサーバへ転送する
"upload_on_save": false,

// ファイルのオープン時に、リモートサーバのファイルをチェックし、ローカルより新しい場合はダウンロードを行うか確認する
"sync_down_on_open": false,

// Syncを行う際にファイルの削除をスキップする
"sync_skip_deletes": false,

// ファイル日時が同じ場合は転送する
"sync_same_age": true,

// ダウンロードの前に確認する
"confirm_downloads": false,

// Syncの前に確認する
"confirm_sync": true,

// 古いファイルが新しいファイルを上書きする際に確認をする
"confirm_overwrite_newer": false,
```

upload_on_saveは、Gruntなどのほかのプログラムがファイルを保存した場合には動作しないようです。

次ページのigonore_regexesは、Sublime SFTPが無視するファイルの設定です。sftp-config.jsonなどを無視するよう設定しておかないとパスワードの流出といった事態になりかねないので注意しましょう。また、node_modulesと

いったサイトの表示とは関係ないファイルやフォルダも登録しておけば、無駄に転送することもなくなります。

```
"ignore_regexes": [
    "\\.sublime-(project|workspace)", "sftp-config(-alt\\d?)?\\.json",
    "sftp-settings\\.json", "/venv/", "\\.svn/", "\\.hg/", "\\.git/",
    "\\.bzr", "_darcs", "CVS", "\\.DS_Store", "Thumbs\\.db", "desktop\\.ini"
],
```

SSHの認証がパスワード方式でなく、鍵方式だった場合、ssh_key_fileに設定します。Macであれば普段利用している鍵をそのまま利用できるので問題ないのですが、Windowsの場合はPuTTYgen（http://www.chiark.greenend.org.uk/~sgtatham/putty/download.html）で生成したppkを利用してください。

```
//"ssh_key_file": "~/.ssh/id_rsa",
```

Appendix

付録

ショートカットキー一覧 ……………………… 238
環境設定一覧 ………………………………… 242

ショートカットキー一覧

Sublime Textの標準のショートカットキーを紹介します。ショートカットキーを変更する方法については、「1-5　Sublime Textの環境設定」を参照してください。

ファイル関連

機能	Mac	Windows
新規ウィンドウ	command + shift + N	Ctrl + Shift + N
ウィンドウを閉じる	command + shift + W	Ctrl + Shift + W
ファイルを開く	command + O	Ctrl + O
最後に閉じたファイルを再度開く	command + shift + T	Ctrl + Shift + T
新規ファイルを作成	command + N	Ctrl + N
保存	command + S	Ctrl + S
別名で保存	command + shift + S	Ctrl + Shift + S
すべて保存	command + option + S	—
ファイルを閉じる	—	Ctrl + F4
閉じる	command + W	Ctrl + W

編集関連

機能	Mac	Windows
取り消し	command + Z	Ctrl + Z
やり直し	command + shift + Z	Ctrl + Shift + Z
やり直しまたは繰り返し	command + Y	Ctrl + Y
選択の取り消し	command + U	Ctrl + U
選択のやり直し	command + Shift + U	Ctrl + Shift + U
カット	command + X	Ctrl + X または Shift + Delete
コピー	command + C	Ctrl + C または Ctrl + insert
ペースト	command + V	Ctrl + V または Shift + insert
ペーストしてインデント	command + shift + V	Ctrl + Shift + V
履歴からペースト	command + option + V または command + K, command + V	Ctrl + K, Ctrl + V
ワードの先頭へ移動	—	Ctrl + ←
ワードの終わりへ移動	—	Ctrl + →
ワードの先頭まで選択	—	Ctrl + Shift + ←
ワードの終わりまで選択	—	Ctrl + Shift + →
サブワードの先頭へ移動	control + option + ←	Alt + ←
サブワードの終わりへ移動	control + option + →	Alt + →
サブワードの先頭まで選択	control + option + shift + ← または control + shift + ←	Alt + Shift + ←
サブワードの終わりまで選択	control + option + shift + → または control + shift + →	Alt + Shift + →
1行上へスクロール	control + option + ↑	Ctrl + ↑
1行下へスクロール	control + option + ↓	Ctrl + ↓
キャレットが画面中央に来るようスクロール	command + K, command + C	Ctrl + K, Ctrl + C
1行上にキャレットを追加	control + shift + ↑	Ctrl + Alt + ↑
1行下にキャレットを追加	control + shift + ↓	Ctrl + Alt + ↓
すべて選択	command + A	Ctrl + A
選択範囲を行ごとに分割	command + shift + L	Ctrl + Shift + L
複数キャレットを解除	esc	Esc
上書き入力への切り替え	command + option + O	insert
1行選択	command + L	Ctrl + L
選択範囲を拡張して同じ単語を選択	command + D	Ctrl + D
1つスキップして選択範囲を拡張	command + K, command + D	Ctrl + K, Ctrl + D
次に1行挿入	command + enter	Ctrl + Enter
前に1行挿入	command + shift + enter	Ctrl + Shift + Enter
サブワードの先頭まで削除	control + delete	Ctrl + BackSpace

Shortcut-key

機能	Mac	Windows
行頭まで削除	command + delete	Ctrl + Shift + BackSpace
サブワードの最後まで削除	—	Ctrl + Delete
行末まで削除	control + K	Ctrl + Shift + Delete
1行削除	control + shift + K	Ctrl + Shift + K
行を連結	command + J	Ctrl + J
行を複製	command + shift + D	Ctrl + Shift + D
1行上と入れ替え	control + command + ↑	Ctrl + Shift + ↑
1行下と入れ替え	control + command + ↓	Ctrl + Shift + ↓
カーソルの前後の文字を入れ替え	control + T	Ctrl + T
大文字に変換	command + K, command + U	Ctrl + K, Ctrl + U
小文字に変換	command + K, command + L	Ctrl + K, Ctrl + L
行をソートする	F5	F9
行をソートする(大文字・小文字を区別)	control + F5	Ctrl + F9
行末でそろうよう整形	command + option + Q	Alt + Q
現在の位置にマークを設定	command + K, command + space	Ctrl + K, Ctrl + space
マークまで選択	command + K, command + A	Ctrl + K, Ctrl + A
マークまで削除	command + K, command + W	Ctrl + K, Ctrl + W
現在の位置とマークを入れ替え	command + K, command + X	Ctrl + K, Ctrl + X
マークを削除	command + K, command + G	Ctrl + K, Ctrl + G
ヤンク	command + K, command + Y	Ctrl + K, Ctrl + Y

コード関連

機能	Mac	Windows
インデント	command +]	Ctrl +]
アンインデント	command + [	Ctrl + [
タブの挿入、インデント、スニペットの挿入など	tab	Tab

機能	Mac	Windows
タブの挿入、アンインデント	shift + tab	Shift + Tab
スコープ単位で選択範囲を拡張	command + shift + space	Ctrl + Shift + space
ブラケット単位で選択範囲を拡張	control + shift + M	Ctrl + Shift + M
対応するブラケットへ移動	control + M	Ctrl + M
インデント単位で選択範囲を拡張	command + shift + J	Ctrl + Shift + J
タグ単位で選択範囲を拡張	command + shift + A	Ctrl + Shift + A
タグを閉じる	command + option + .	Alt + .
選択範囲をタグで囲む	control + shift + W	Alt + Shift + W
1行コメントに切り替え	command + /	Ctrl + /
複数行コメントに切り替え	command + option + /	Ctrl + Shift + /
コンソールを表示	control + backquote	Ctrl + `
コード補完を表示	control + space	Ctrl + space
スコープの名前をステータスバーに表示	command + option + P または control + shift + P	Ctrl + Alt + Shift + P
選択範囲を折りたたむ	command + option + [	Ctrl + Shift + [
キャレットがある位置の折りたたみを解除	command + option +]	Ctrl + Shift +]
すべて折りたたむ	command + K, command + 1	Ctrl + K, Ctrl + 1
レベル2まで折りたたむ	command + K, command + 2	Ctrl + K, Ctrl + 2
レベル3まで折りたたむ	command + K, command + 3	Ctrl + K, Ctrl + 3
レベル4まで折りたたむ	command + K, command + 4	Ctrl + K, Ctrl + 4
レベル5まで折りたたむ	command + K, command + 5	Ctrl + K, Ctrl + 5
レベル6まで折りたたむ	command + K, command + 6	Ctrl + K, Ctrl + 6
レベル7まで折りたたむ	command + K, command + 7	Ctrl + K, Ctrl + 7
レベル8まで折りたたむ	command + K, command + 8	Ctrl + K, Ctrl + 8
レベル9まで折りたたむ	command + K, command + 9	Ctrl + K, Ctrl + 9

機能	Mac	Windows
すべて折りたたみ解除	command + K, command + 0 または command + K, command + J	Ctrl + K, Ctrl + 0 または Ctrl + K, Ctrl + J
タグを折りたたむ	command + K, command + T	Ctrl + K, Ctrl + T
ビルド	command + B または F7	Ctrl + B または F7
ビルドして実行	command + shift + B	Ctrl + Shift + B
次のビルドエラーへ	F4	F4
前のビルドエラーへ	shift + F4	Shift + F4
実行を停止	control + C	Ctrl + break
マクロ記録の切り替え	control + Q	Ctrl + Q
マクロの実行	control + Shift + Q	Ctrl + Shift + Q
ヘッダと実装を切り替える	command + option + ↑	Alt + O

検索・移動関連

機能	Mac	Windows
Goto Anything	command + P または command + T	Ctrl + P
コマンドパレットを表示	command + shift + P	Ctrl + Shift + P
プロジェクトの切り替え	command + control + P	Ctrl + Alt + P
シンボルに移動	command + R	Ctrl + R
行番号を指定して移動	control + G	Ctrl + G
ファイル内検索	—	Ctrl + ;
定義へ移動	command + option + ↓ または F12	F12
プロジェクト内のシンボルへ移動	command + shift + R	Ctrl + Shift + R
後ろへジャンプ	control + -	Alt + -
前へジャンプ	control + shift + -	Alt + Shift + -
インクリメンタル検索	command + I	Ctrl + I
前方へインクリメンタル検索	command + shift + I	Ctrl + Shift + I
検索パネルを表示	command + F	Ctrl + F
置換パネルを表示	command + option + F	Ctrl + H
置換して次へ	command + option + E	Ctrl + Shift + H

機能	Mac	Windows
次を検索	command + G	F3
前を検索	command + shift + G	Shift + F3
選択した文字列を検索文字列にする	command + E	Ctrl + E
選択した文字列を置換文字列にする	command + shift + E	Ctrl + Shift + E
クイック検索（選択範囲と同じ文字を検索）	option + command + G	Ctrl + F3
前方へクイック検索	shift + option + command + G	Ctrl + Shift + F3
クイック選択（同じ文字をすべて選択）	control + command + G	Alt + F3
複数ファイル内を検索	command + shift + F	Ctrl + Shift + F
スペルチェック	F6	F6
次の指摘へ	control + F6	Ctrl + F6
前の指摘へ	control + shift + F6	Ctrl + Shift + F6
次のブックマークへ移動	F2	F2
前のブックマークへ移動	shift + F2	Shift + F2
ブックマークをオン／オフ	command + F2	Ctrl + F2
すべてのブックマークを削除	command + shift + F2	Ctrl + Shift + F2
すべてのブックマークを選択	—	Alt + F2

表示関連

機能	Mac	Windows
サイドバーの表示／非表示	command + K, command + B	Ctrl + K, Ctrl + B
フルスクリーン表示に切り替え	command + control + F	F11
集中モードに切り替え	command + control + shift + F	Shift + F11
フォントサイズを大きくする	command + shift + ;	Ctrl + Shift + ;
フォントサイズを小さくする	command + -	Ctrl + -
前のタブへ切り替え	command + shift +] または command + option + ←	Ctrl + PageUp

Shortcut-key

機能	Mac	Windows
次のタブへ切り替え	command + shift +] または command + option + →	Ctrl + PageDown
グループの前のファイル	control + shift + tab	Ctrl + Shift + Tab
グループの次のファイル	control + tab	Ctrl + Tab
1つ目のタブに切り替え	command + 1	Alt + 1
2つ目のタブに切り替え	command + 2	Alt + 2
3つ目のタブに切り替え	command + 3	Alt + 3
4つ目のタブに切り替え	command + 4	Alt + 4
5つ目のタブに切り替え	command + 5	Alt + 5
6つ目のタブに切り替え	command + 6	Alt + 6
7つ目のタブに切り替え	command + 7	Alt + 7
8つ目のタブに切り替え	command + 8	Alt + 8
9つ目のタブに切り替え	command + 9	Alt + 9
最後のタブに切り替え	command + 0	Alt + 0
分割せず1画面にする	command + option + 1	Alt + Shift + 1
画面を横に2分割	command + option + 2	Alt + Shift + 2
画面を横に3分割	command + option + 3	Alt + Shift + 3
画面を横に4分割	command + option + 4	Alt + Shift + 4
画面を縦に2分割	command + option + shift + 2	Alt + Shift + 8
画面を縦に3分割	command + option + shift + 3	Alt + Shift + 9
画面をグリッドに分割	command + option + 5	Alt + Shift + 5
グループ1へ移動	control + 1	Ctrl + 1
グループ2へ移動	control + 2	Ctrl + 2
グループ3へ移動	control + 3	Ctrl + 3
グループ4へ移動	control + 4	Ctrl + 4
グループ1へファイルを移動	control + shift + 1	Ctrl + Shift + 1
グループ2へファイルを移動	control + shift + 2	Ctrl + Shift + 2
グループ3へファイルを移動	control + shift + 3	Ctrl + Shift + 3
グループ4へファイルを移動	control + shift + 4	Ctrl + Shift + 4

機能	Mac	Windows
サイドバーへフォーカスを移動	control + 0	Ctrl + 0
新規グループを作成してファイルを移動	command + K, command + ↑	Ctrl + K, Ctrl + ↑
新規グループを作成	command + K, command + shift + ↑	Ctrl + K, Ctrl + Shift + ↑
グループを閉じる	command + K, command + ↓	Ctrl + K, Ctrl + ↓
前グループへの移動	command + K, command + ←	Ctrl + K, Ctrl + ←
次グループへの移動	command + K, command + →	Ctrl + K, Ctrl + →
前グループへファイルを移動	command + K, command + shift + ←	Ctrl + K, Ctrl + Shift + ←
次グループへファイルを移動	command + K, command + shift + →	Ctrl + K, Ctrl + Shift + →

環境設定一覧

　Sublime Textの環境設定の項目を一覧で紹介します。環境設定を行う方法については、「1-5 Sublime Textの環境設定」を参照してください。

color_scheme

```
"color_scheme": "Packages/Color Scheme - Default/Monokai.tmTheme",
```

カラースキームを設定します。[Preferences]メニュー→[Color Scheme]から選択することもできます。

関連ページ　P.32

font_face

```
"font_face": "",
```

フォントを設定します。

font_size

```
"font_size": 10,
```

フォントサイズを設定します。単位は不要です。値は小数点も指定できます。[Preferences]メニュー→[Font]から変更することもできます。

関連ページ　P.31

font_options

```
"font_options": [],
```

フォントオプションです。,(カンマ)区切りで連続指定できます。

値	働き
"no_bold"	太字にしません。
"no_italic"	斜体にしません。
"no_antialias"	アンチエイリアスを無効にします。
"gray_antialias"	グレイアンチエイリアスをオンにします。
"subpixel_antialias"	サブピクセルレンダリングをオンにします。
"no_round"	丸みを帯びないようにします(Macのみ)。
"gdi"	GDI (Graphic Device Interface)をオンにします(Windowsのみ)。
"directwrite"	DirectWriteをオンにします(Windowsのみ)。

word_separators

```
"word_separators": "./\\()\"'-:,.;<>~!@#$%^&*|+=[]{}`~?",
```

単語の区切りとする文字を設定します。ダブルクリックや「Selection to Word」で選択される単語の区切りを設定します。

line_numbers

```
"line_numbers": true,
```

行番号を表示します。ガターの設定がオフの場合、行番号も表示されません。

gutter

```
"gutter": true,
```

コードの左側のスペースにガターを表示します。

margin

```
"margin": 4,
```

ガターの幅を設定します。単位は不要です。

fold_buttons

```
"fold_buttons": true,
```

コードを折りたたんだ際、ガターに三角形のボタンを表示します。

fade_fold_buttons

```
"fade_fold_buttons": true,
```

ガターに表示される折り畳みのボタンを隠します。隠した場合は、マウスオンで表示されます。

rulers

```
"rulers": [],
```

ルーラーを設定します。値は文字数で、単位は不要です。括弧内([])にカンマ(,)区切りで連続指定できます。

Settings

spell_check
`"spell_check": false,`
スペルチェックを常にオンにします。

tab_size
`"tab_size": 4,`
タブのサイズを指定します。

> 関連ページ　P.71

translate_tabs_to_spaces
`"translate_tabs_to_spaces": false,`
タブの代わりにスペースを使います。

use_tab_stops
`"use_tab_stops": true,`
translate_tabs_to_spaces が true の場合、Delete でタブサイズだけスペースを削除します。

detect_indentation
`"detect_indentation": true,`
インデントを自動で検出します。

auto_indent
`"auto_indent": true,`
自動インデントをオンにします。

smart_indent
`"smart_indent": true,`
C言語でスマートインデントをオンにします。

indent_to_bracket
`"indent_to_bracket": false,`
カッコを含めたインデント。

trim_automatic_white_space
`"trim_automatic_white_space": true,`
空行のインデントを自動的に削除します。

word_wrap
`"word_wrap": "auto",`
ワードラップ（行の折り返し）を設定します。

値	働き
"auto"	ウィンドウ幅で折り返します。
true	行を折り返します。
false	行を折り返しません。

wrap_width
`"wrap_width": 0,`
折り返しの位置を指定します。値は文字数で、単位は不要です。

indent_subsequent_lines
`"indent_subsequent_lines": true,`
折り返した行にインデントを設定します。

draw_centered
`"draw_centered": false,`
カラム全体を中央寄せにします（テキストは左ぞろえ）。

auto_match_enabled
`"auto_match_enabled": true,`
カッコを自動的に閉じます。

dictionary
`"dictionary": "Packages/Language - English/en_US.dic",`
スペルチェックの辞書を指定します。デフォルトはen_US.dicかen_GB.dicを選べます。別言語の辞書ファイル（dicファイル）をダウンロードして指定することもできます。

draw_minimap_border
`"draw_minimap_border": false,`
ミニマップの現在地にボーダーを付けます。

always_show_minimap_viewport

`"always_show_minimap_viewport": false,`

draw_minimap_borderのボーダーが表示の場合、常に表示するかどうかを設定します。falseの場合は、マウスオンで表示されます。

highlight_line

`"highlight_line": false,`

キャレットのある行をハイライトします。

caret_style

`"caret_style": "smooth",`

キャレットの点滅スタイルを設定します。

値	働き
"smooth"	滑らかに点滅します。
"phase"	段階的に点滅します。
"blink"	はっきり点滅します。
"solid"	点滅しません。

caret_extra_top

`"caret_extra_top": 0,`

キャレットの上部を追加します。単位は不要です。値はピクセルです。

caret_extra_bottom

`"caret_extra_bottom": 0,`

キャレットの上部を追加します。単位は不要です。値はピクセルです。

caret_extra_width

`"caret_extra_width": 0,`

キャレットの横幅を追加します。単位は不要です。

match_brackets

`"match_brackets": true,`

キャレットを囲むカッコを、アンダーラインを表示します。

match_brackets_content

`"match_brackets_content": true,`

キャレットがカッコに隣接した場合のみ、ハイライト表示したい場合はfalseにします。

match_brackets_square

`"match_brackets_square": true,`

角カッコ([ ])内にキャレットがある場合、ハイライト表示します。

match_brackets_braces

`"match_brackets_braces": true,`

波カッコ({ })内にキャレットがある場合、ハイライト表示します。

match_brackets_angle

`"match_brackets_angle": false,`

山カッコ(< >)内にキャレットがある場合、ハイライト表示します。

match_tags

`"match_tags": true,`

開始・閉じタグにマッチした要素をハイライト表示します。

match_selection

`"match_selection": true,`

選択範囲と同じワードをハイライト表示します。

line_padding_top

`"line_padding_top": 0,`

行の上の間隔を設定します。値はピクセルで、単位は不要です。

line_padding_bottom

`"line_padding_bottom": 0,`

行の下の間隔を設定します。値はピクセルで、単位は不要です。

Settings

scroll_past_end
`"scroll_past_end": true,`
最終行からさらにスクロールできるようになります。

move_to_limit_on_up_down
`"move_to_limit_on_up_down": false,`
最初の行で⬆️を押すとキャレットが文頭に移動します。また、最終行で⬇️を押すと文末に移動します。

draw_white_space
`"draw_white_space": "selection",`
スペースの表示方法を設定します。薄い記号でスペースを表示します。

値	働き
"selection"	選択中表示します。
"all"	常に表示します。
"none"	表示しません。

draw_indent_guides
`"draw_indent_guides": true,`
インデントを縦で繋ぐガイド線を表示します。テーマ設定ファイルからガイドスタイルを変更できます。

indent_guide_options
`"indent_guide_options": ["draw_normal"],`
インデントガイドの表示を設定します。

値	働き
"draw_normal"	常に表示します。
"draw_active"	アクティブ時に表示します。

関連ページ　P.72

trim_trailing_white_space_on_save
`"trim_trailing_white_space_on_save": false,`
保存時に行末の空白を削除します。

関連ページ　P.144

ensure_newline_at_eof_on_save
`"ensure_newline_at_eof_on_save": false,`
保存時に最終行を改行します。

save_on_focus_lost
`"save_on_focus_lost": false,`
別ファイルや、別アプリケーションにフォーカスが移動すると自動保存します。

atomic_save（3のみ）
`"atomic_save": true,`
代替ファイルに保存してから、元のファイルを保存します。競合防止に使用します。

fallback_encoding
`"fallback_encoding": "Western (Windows 1252)",`
対応していないエンコードのファイルを開いた場合に、使用するエンコードを指定します。

default_encoding
`"default_encoding": "UTF-8",`
デフォルトのエンコードを設定します。

enable_hexadecimal_encoding
`"enable_hexadecimal_encoding": true,`
新規ファイルは16進数エンコードで開きます。

default_line_ending
`"default_line_ending": "system",`
改行コードを指定します。

値	働き
"system"	システムの改行コードを使用します。
"windows"	CR＋LFを使用します。
"unix"	LFを使用します。

関連ページ　P.141

tab_completion

```
"tab_completion": true,
```

コードスニペット補完を Tab で行います。

> 関連ページ　P.90

auto_complete

```
"auto_complete": true,
```

コード補完を使用します。

auto_complete_size_limit

```
"auto_complete_size_limit": 4194304,
```

コード補完に反映されるファイルサイズ（バイト）を指定します。単位は不要です。

auto_complete_delay

```
"auto_complete_delay": 50,
```

コード補完の表示遅延時間を設定します。単位は不要です。

auto_complete_selector

```
"auto_complete_selector": "source - comment,
meta.tag - punctuation.definition.tag.begin",
```

コード補完の有効場所を指定します。

auto_complete_triggers

```
"auto_complete_triggers": [ {"selector":
"text.html", "characters": "<"} ],
```

コード補完の詳細な有効場所を指定します。デフォルトでは、HTMLファイルは<を入力したらコード補完実行と指定しています。

auto_complete_commit_on_tab

```
"auto_complete_commit_on_tab": false,
```

コード補完の展開を Tab のみにします。

auto_complete_with_fields

```
"auto_complete_with_fields": false,
```

スニペットフィールド内でのコード補完をオンにします。auto_complete_commit_on_tab が true の場合にオンになります。

auto_close_tags

```
"auto_close_tags": true,
```

</で自動でタグを閉じます（HTMLやXMLなど閉じタグがある場合）。

shift_tab_unindent

```
"shift_tab_unindent": false,
```

Shift + Tab でのインデント削除を、行のどこからもできるようになります。

> 関連ページ　P.71

copy_with_empty_selection

```
"copy_with_empty_selection": true,
```

テキストを何も選択していない状態でコピーまたはカットをすると、その行全体で実行します。

> 関連ページ　P.61

find_selected_text

```
"find_selected_text": true,
```

ワードを選択した状態で検索をすると、そのワードを検索パネルに自動挿入します。

auto_find_in_selection（3のみ）

```
"auto_find_in_selection": false,
```

選択範囲の自動検索をオンにします。

drag_text

```
"drag_text": true,
```

テキストをマウスでドラッグできるようにします。

Settings

User Interface Settings
ユーザーインターフェイス関連の設定項目

theme
`"theme": "Default.sublime-theme",`

テーマを設定します。

関連ページ　P.50

scroll_speed
`"scroll_speed": 1.0,`

スクロールスピード。0にするとスムーススクロールがオフになります。

tree_animation_enabled
`"tree_animation_enabled": true,`

サイドバーのフォルダの開閉などのアニメーションをオンにします。animation_enabled を false にすると、この設定は関係なくアニメーションはオフになります。

animation_enabled (3のみ)
`"animation_enabled": true,`

タブの開閉のアニメーションなど、アニメーション全般をオンにします。

highlight_modified_tabs
`"highlight_modified_tabs": false,`

未保存のファイルをタブでハイライト表示します。

show_tab_close_buttons
`"show_tab_close_buttons": true,`

タブの閉じるボタンを表示します。

bold_folder_labels
`"bold_folder_labels": false,`

サイドバーのフォルダの文字を太字にします。

use_simple_full_screen (Macのみ)
`"use_simple_full_screen": false,`

Macのフルスクリーンモードをオフにします。

関連ページ　P.21

gpu_window_buffer (Macのみ)
`"gpu_window_buffer": "auto",`

OpenGLをオンにします。auto を指定すると、Retinaディスプレイなど2560ピクセル以上の解像度になると自動でオンになります。動作するためには再起動が必要です。

値	働き
"auto"	自動設定にします。
true	OpenGLを有効にします。
false	OpenGLを無効にします。

overlay_scroll_bars
`"overlay_scroll_bars": "system",`

スクロールバーの重なりを指定します。

値	働き
"system"	環境に依存します。
"enabled"	重ねます。
"disabled"	重ねません。

enable_tab_scrolling
`"enable_tab_scrolling": true,`

複数タブを開いた際、タブを重ねてスクロール表示します。

show_encoding
`"show_encoding": false,`

ステータスバーにエンコードを表示します。

show_line_endings
`"show_line_endings": false,`

ステータスバーに改行コードを表示します。

関連ページ　P.141

Application Behavior Settings
アプリケーションの挙動関連の設定項目

hot_exit

```
"hot_exit": true,
```

オンにしてアプリケーションを閉じると、未保存の開いているファイルも次の起動時にそのまま復元されます。

remember_open_files

```
"remember_open_files": true,
```

終了時に開いていたファイルを復元します。hot_exitをtrueにしている場合、この設定をfalseにしてもオフにはなりません。

always_prompt_for_file_reload (3のみ)

```
"always_prompt_for_file_reload": false,
```

ファイルに更新があった場合にダイアログで再ロードするか選択できます。デフォルトのfalseでは自動で更新を読み込みます。

open_files_in_new_window (Macのみ)

```
"open_files_in_new_window": true,
```

FinderまたはDockアイコンなどからファイルを開いた場合に、新規ウィンドウから開きます。

create_window_at_startup (Macのみ)

```
"create_window_at_startup": true,
```

すべてのウィンドウを閉じてからアプリケーションを終了した場合も、起動時には新規ウィンドウを作成します。

close_windows_when_empty

```
"close_windows_when_empty": false,
```

タブがすべて閉じられた場合、ウィンドウも閉じます。

show_full_path

```
"show_full_path": true,
```

タイトルバーにファイルのフルパスを表示します。

show_panel_on_build

```
"show_panel_on_build": true,
```

ビルドをした際に、ビルド結果を表示します。

preview_on_click

```
"preview_on_click": true,
```

サイドバーからファイルをクリックで確認できるクリックビューをオンにします。

folder_exclude_patterns

```
"folder_exclude_patterns": [".svn", ".git",
".hg", "CVS"],
```

サイドバーに非表示にするフォルダを指定します。

file_exclude_patterns

```
"file_exclude_patterns": ["*.pyc", "*.pyo",
"*.exe", "*.dll", "*.obj","*.o", "*.a",
"*.lib", "*.so", "*.dylib", "*.ncb", "*.sdf",
"*.suo", "*.pdb", "*.idb", ".DS_Store",
"*.class", "*.psd", "*.db", "*.sublime-
workspace"],
```

サイドバーに非表示にするファイルを指定します。ファイル名か、*（アスタリスク）＋拡張子で指定します。

binary_file_patterns

```
"binary_file_patterns": ["*.jpg", "*.jpeg",
"*.png", "*.gif", "*.ttf", "*.tga", "*.dds",
"*.ico", "*.eot", "*.pdf", "*.swf", "*.jar",
"*.zip"],
```

バイナリファイルを指定します。サイドバーには表示されますが、Goto Anythingでの検索対処から除外できます。

index_files

```
"index_files": true,
```

サイドバーに登録されたすべてのファイルを解析し、インデックスを作成します。Goto Anythingを使用する場合は必要な設定です。

関連ページ　　P.69

Settings

index_exclude_patterns

```
"index_exclude_patterns": ["*.log"],
```

Goto Anythingにインデックスさせないパターンを指定します。*（アスタリスク）＋拡張子で指定します。カンマ(,)区切りで連続指定できます。

enable_telemetry

```
"enable_telemetry": "auto",
```

匿名の使用状況データが開発元に送信されます。ファイル名やファイル内容などは送信されませんが、マシンのスペック、起動時間、パッケージ、ファイルの種類などを送信するようです。autoを指定すると、開発版は送信がオンになり、正式リリースではオフになります。

ignored_packages

```
"ignored_packages": ["Vintage"]
```

無効にするパッケージを指定します。ここでパッケージ名を入力しなくても、コマンドパレットから指定して記述することもできます。

関連ページ　P.43

索引

記号

.htaccess	222

A

Abacus	72
Add Channel	45
Add Repository	44, 124
AdvancedNewFile	152
Alignment	167
All Autocomplete	167
altJS	212
AndyJS2	208
AngularJS	210
ApacheConf.tmLanguage	222
APIドキュメント	219
AutoFileName	103, 202
auto_indent	71
Auto-pair brackets	74

B

Backbone.js	209
BASE64エンコード	205
BDDテスティングフレームワーク	211
Better CoffeeScript	212
Better TypeScript	213
Bitbucket	124
Bootstrap 3 Jade Snippets	183
Bootstrap 3 Snippets	183
BoundKeys	156
BracketHighlighter	163
Browser Reflesh	173
BufferScroll	158
Build	108

C

Can I Use	188
cdnjs.com	162
class属性	191
CLI	108
Close Tag	104
Codec33 for ST3	46
CoffeeScript	206, 212
Colorpicker	204
color_scheme	33
Compass	175, 178
Console API	206

Convert Indentation to Spaces	78
Convert Indentation to Tabs	78
ConvertToUTF8	46
CSScomb	169
csslint	166
CSSの入力サポート	195
CSSプリプロセッサ	177
CSSフレームワーク	182

D

Dart	215
default_line_ending	71
Delete Line	61
detect_indentation	71
Disable Package	43
Discover Packages	45, 125
DocBlockr	219
Dotfiles Syntax Highlighting	222
draw_indent_guides	71
Duplicate Line	61

E

Emmet	103, 189
Emmetをインストール	41
Enable Package	43
ensure_newline_at_eof_on_save	71
Expand Selection to Brackets	106
Expand Selection to Indentation	107
Expand Selection to Scope	106
Expand Selection to Tag	104
Expand Selection to Word	57, 157
Extending Sublime Text	130

F

file_exclude_patterns	83, 84
Find in Files	65
Flake8	218
Focus Group	63
Focus Last Tab	146
folder_exclude_patterns	83, 84
font_face	33
Foundation 5 Snippets	184
FTP	229

G

Gist	223

Git	124, 223
GitFlow	225
GitHub	124, 223
Github Flavored	221
Goto Anything	69
Goto-CSS-Declaration	171
Goto Definition	102, 210
Goto Line	67
GotoRecent	148
Goto Symbol	68
Goto Symbol in Project	101
Guess Settings From Buffer	78

H

Haml	180
Handlebars	181
Hayaku	103, 199
HTML5 Boilerplate	160
HTMLタグ	191
HTMLテンプレートエンジン	177, 180
HTMLの入力サポート	190

I

IconChanger	54
id属性	192
Image2Base64	205
IMESupport	47
Inc-Dec-Value	201
Increment / Decrement Number	199
Indent	77
indent_guide_options	71, 72
indent_to_bracket	71, 72
Indent Using Spaces	77
Insert Line	61
Install Package	40

J〜K

Jade	180
Jade Build	180
Japanize	49
Jasmine	211
JavaScript	206
JavaScript Console	206
JavaScript Patterns	207
Join Lines	61
jQuery	160, 208
JsMinifier	216

JSON	29, 70, 79
Key Bindings	74

L

Le·git	225
LESS	179
LESS-build	179
Line Endings	78
LineEndings	141
List Packages	43
LiveReload	174, 221
Live Style	175
Local History	150

M

Markdown	68, 144, 221
mccabe	218
Mocha Snippets	211
Move File To Group	63
mTheme-Editor	136
MVCフレームワーク	209
MVWフレームワーク	210

N

Nettuts+ Fetch	159
New Build System	109
New View into File	63
New Workspace for Project	88
Normalize.css	161
no-sublime-package	119
npm	166

P

Package Control	116
Package Control Settings - Default	44
Package Controlのインストール	38
PackageResourceViewer	100
Package Settings	145
PEP8	218
Permute Lines	112
Plugin Announcements - Sublime Forum	129
Plugin Development - Sublime Forum	130
Preferences.sublime-settings	31
[Preferences] メニューの位置	28
preview_on_click	84
PuTTYgen	236

py	120
pyflakes	218
Python	108, 131
Python Auto-Complete	217
Python Flake8 Lint	218

Q

Quick File Open	147
Quick Find	67
QUnit	208

R

RecentActiveFiles	148
Reindent	77
Remove Package	43, 122
Ruby Slim	181

S

Sass	177
SASS Build	178
SASS Snippets	178
scopeName	76
SCSS	177
Search Stack Overflow	187
Search WordPress Codex	186
Shift_JIS	46
shift_tab_unindent	71
show_encoding	143
show_line_endings	143
SideBarEnhancements	138
Smart Delete	170
smart_indent	71
Soda	50
Sort Lines	112
Source Code Pro	34
Split into Lines	59
SSH	236
Stack Overflow	187
Stylus	179
sublime-build	120
SublimeCodeIntel	165
sublime-completions	98
SublimeGit	225
sublime-github	223
sublime-keymap	36, 120
SublimeLinter	165
sublime-macro	120
sublime-menu	120
SublimeOnSaveBuild	151
sublime-package	119
Sublime Packages	129
SublimeServer	228
sublime-settings	73, 120
sublime-snippet	92, 120
Sublime Text Tips	129
Sublime Textのアイコンの変更	53
Sublime Textのインストール	15
sublime-theme	120
Sublime-TypeScript-Snippets	214
Submitting a Package	136
sudo	155
SuperSelect	157
Swap Line	61
Syntax Specific	34, 73

T

tab_size	71
Tab Width	78
Tag	168
Terminal	153
tmLanguage	76, 120
tmPreferences	120
Trailing Spaces	144
translate_tabs_to_spaces	71
trim_automatic_white_space	71
trim_trailing_white_space_on_save	71, 72
Twitter Bootstrap Snippets	182
TypeScript	213

U

Underscorejs snippets	209
Unindent	77
Update Image Size	204
Upgrade/Overwrite All Packages	44
Upgrade Package	44, 123
use_tab_stops	71

V〜Z

View In Browser	172
Webサーバを運用	228
WordPress	161, 185
Wrap Selection With Tag	105
XML	92
Zen Coding	103

Zip Browser ·· 149

あ行

新しいウィンドウでプロジェクトを展開 ·············· 88
アップデート ·· 17
アプリケーションを指定する ··························· 140
アンインデント ··· 71
インクリメンタル検索 ································ 12, 65
インストールしたパッケージの一覧 ··················· 43
インデント ··· 71
インデント単位で選択範囲を拡大 ···················· 107
インデントの設定 ·· 77
インデントをスペース／タブに変換 ··················· 78
インライン変換 ··· 47
オートインデント ·· 71
オートリロード ·· 174

か行

改行コード ··· 141
改行コードの切り替え ···································· 78
改行コードを指定 ·· 71
改行の挿入 ·· 61
階層をさかのぼる ·· 191
カウンター ··· 192
画像のパス入力 ··· 202
カッコをペアで入力 ······································· 74
画面の分割 ··· 19, 62
カラースキーム ····································· 117, 144
カラースキームの設定 ······························ 28, 32
カラーピッカーの表示 ··································· 204
環境設定 ··· 28
環境設定ファイル ······························ 31, 70, 79
キーバインド ··· 73, 196
キーバインド設定を一覧で表示 ······················ 156
キーマップ ··· 120
キャレット ··· 57
兄弟要素 ··· 192
行の結合 ··· 61
行の削除 ··· 61
行の複製 ··· 61
行番号を指定して移動 ··································· 67
行末のスペースを削除 ··································· 72
行末の半角スペースを削除 ··························· 144
行を上下に移動 ·· 61
矩形選択 ··· 59
グループ ··· 19
グループへの移動 ··· 63
グループへのファイル移動 ······························ 63

黒い画面を開く ··· 153
言語構文定義 ··· 117
言語ごとの環境設定 ································ 34, 73
言語設定 ··· 120
言語定義 ··· 120
検索範囲を指定 ·· 66
コーディングルール ······································· 70
コード整形 ··· 167
コード補完 ································ 90, 104, 165, 206
コード補完の編集 ·· 97
コマンドパレット ···································· 39, 90
コマンドパレットを表示 ································· 30
コマンドファイル ·· 134
コマンドプロンプト ····································· 153
コメント ··· 29
コメントアウト ··· 79
コメントブロックの展開 ······························· 219
子要素 ·· 191

さ行

最近開いたファイルをリスト表示 ··················· 148
サイドバー ··· 18, 138
サイドバーのアイコンを変更 ··························· 52
サイドバーの表示／非表示 ····························· 20
集中モード ··· 21
集中モードの設定 ·· 35
終了タグを入力 ··· 104
ショートカットキー設定を一覧で表示 ·············· 156
ショートカットキーを変更 ······························· 35
ショートハンド ····························· 181, 189, 209
新規グループの作成 ······································ 64
シンタックス ·· 34, 117
シンタックスの指定 ······································· 76
シンタックスハイライト ································· 13
シンタックスモード ······································· 21
シンタックスを指定 ······································· 90
シンボリックリンク ································ 82, 155
シンボルに移動 ·· 68
数値の増減 ·· 199, 201
スコープ単位で選択範囲を拡大 ····················· 106
ステータスバー ······································ 18, 60
ステータスバーの表示／非表示 ······················· 20
スニペット ··············· 91, 104, 117, 120, 206, 213, 214
スニペット設定ファイル ································· 92
スニペットを作成 ·· 91
選択状態の確認 ·· 60
選択のスキップ ····································· 58, 157
選択の取り消し／やり直し ······························ 58
選択範囲の拡張 ·· 57

ソース管理 …………………………………… 223
ソート ………………………………………… 112

た行

ターミナル …………………………………… 153
タグで囲む …………………………………… 105
タグの中身を選択 …………………………… 104
タブ ……………………………………………… 18
タブサイズ ………………………………… 71, 73
タブの角を丸くする …………………………… 52
タブの切り替え ……………………………… 146
タブの表示／非表示 …………………………… 20
タブを入力 ……………………………………… 91
ダミーテキスト ……………………………… 193
重複行を削除 ………………………………… 112
定義を表示 …………………………………… 102
データフォルダ ……………………………… 118
テーマ …………………………………… 117, 120
テーマのインストール ………………………… 50
テーマの作成 ………………………………… 135
テスティングフレームワーク ……………… 208
デフォルト環境設定 …………………………… 28
デフォルトショートカットキー設定 ………… 28
同時編集を解除 ………………………………… 57
ドキュメントコメント ……………………… 220

は行

バックアップフォルダ ……………………… 123
パッケージ設定ファイル …………………… 145
パッケージのアップグレード …………… 44, 122
パッケージのアンインストール ……………… 43
パッケージのインストール ……………… 39, 123
パッケージの検索 ………………………… 45, 126
パッケージの削除 …………………………… 122
パッケージの作成 …………………………… 132
パッケージの種類 …………………………… 117
パッケージの詳細ページ …………………… 127
パッケージのショートカットキー設定 …… 145
パッケージのバックアップ ……………… 45, 123
パッケージの有効／無効 ……………………… 43
パッケージフォルダ …………………… 100, 118, 132
パッケージフォルダを開く ……………… 28, 39
ビジネスライセンス …………………………… 16
ビルド ……………………… 108, 151, 213, 214, 215
ビルドシステム ………………………… 118, 120
ビルドの対象を追加 ………………………… 109
ファイル内検索 …………………………… 65, 69
ファイル内で置換 ……………………………… 65

ファイルのアップロード …………………… 233
ファイルの新規作成 ………………………… 152
ファイルを不可視にする ……………………… 83
ファイルを別タブで開く ……………………… 63
フォルダを不可視にする ……………………… 83
フォントサイズの設定 …………………… 28, 31
複数のファイルを検索 ………………………… 65
複数のフォルダをプロジェクトに登録 ……… 85
ブラウザでプレビュー ……………………… 221
プラグイン ……………………………… 118, 120
プラグインファイルを配置 ………………… 133
ブラウザで開く ……………………………… 139
ブラケット単位で選択を拡大 ……………… 106
フルスクリーン ………………………………… 21
プレースホルダ ………………………………… 93
プレフィックス ……………………………… 196
プロジェクトの作成 …………………………… 81
プロジェクトの設定 ……………………… 79, 82
ポータブル版 …………………………………… 16

ま行

マークアップ ………………………………… 193
マクロ ………………………………………… 120
ミニファイ ……………………………… 111, 216
ミニマップ ……………………………………… 18
ミニマップの表示／非表示 …………………… 20
メインエリア …………………………………… 18
メニュー …………………………………… 22, 120
メニューの日本語化 …………………………… 48

や行

ユーザー環境設定 ……………………………… 28
ユーザーショートカットキー設定 …………… 28
ユーザーパッケージ ………………………… 119
ユーザーフォルダ …………………………… 118

ら行

ライセンス ……………………………………… 16
ランダムにシャッフル ……………………… 112
リポジトリリストを追加 ……………………… 45
リポジトリを追加 ……………………………… 44
リポジトリを登録 …………………………… 124
履歴からペースト ……………………………… 62

読者アンケートにご協力ください！

URL : http://www.impressjapan.jp/books/1113101106

このたびは弊社書籍をご購入いただき、ありがとうございます。本書はWebサイトにおいて皆様のご意見・ご感想を承っております。1人でも多くの読者の皆様の声をお聞きして、今後の商品企画・制作に生かしていきたいと考えています。
気になったことやお気に召さなかった点、また役に立った点など、率直なご意見・ご感想をお聞かせいただければありがたく存じます。
お手数ですが上記URLより右の要領で読者アンケートにお答えください。

※ Webページのデザインやレイアウトは変更になる場合があります。

上記URLにアクセスし、**【読者アンケートに答える】** ボタンをクリック

【会員登録がお済みの方】
IDとパスワードを入力してアンケートページに進む

【会員登録をされていない方】
会員登録の上、アンケートページに進む

アンケートにはじめてお答えいただく際は、「CLUB Impress（クラブインプレス）」にご登録いただく必要があります。アンケート回答者の中から、抽選で商品券（1万円分）や図書カード（1,000円分）などを毎月プレゼント。ぜひこの機会にご登録ください。当選は賞品の発送をもって代えさせていただきます。

読者会員制度と出版関連サービスのご案内
登録カンタン 費用も無料！
CLUB Impress
今すぐアクセス！▶ club.impress.co.jp

STAFF

装丁・本文デザイン	御堂瑞恵（SLOW inc.）
ＤＴＰ制作	早乙女恩（株式会社リブロワークス）
デザイン制作室	今津幸弘
	鈴木 薫
編　　　集	大津雄一郎（株式会社リブロワークス）
副 編 集 長	柳沼俊宏
編 　集　 長	藤井貴志

Web制作者のための
Sublime Text の教科書
今すぐ最高のエディタを使いこなすプロのノウハウ

2014年3月21日 初版発行

著　者　上野 正大、杉本 淳、前川 昌幸、森田 壮
監　修　こもりまさあき

発行人　土田米一
発　行　株式会社インプレスジャパン　An Impress Group Company
　　　　〒102-0075 東京都千代田区三番町20番地
発　売　株式会社インプレスコミュニケーションズ　An Impress Group Company
　　　　〒102-0075 東京都千代田区三番町20番地
　　　　出版営業 TEL 03-5275-2442
　　　　http://www.ips.co.jp
印刷所　株式会社廣済堂

●本書の内容に関するご質問は、書名・ISBN（奥付ページに記載）・お名前・電話番号と、該当するページや具体的な質問内容、お使いの動作環境などを明記のうえ、インプレスカスタマーセンターまでメールまたは封書にてお問い合わせください。電話やFAX等でのご質問には対応しておりません。なお、本書の内容に直接関係のないご質問にはお答えできない場合があります。また、本書の利用によって生じる直接的または間接的被害について、著者ならびに弊社では一切の責任を負いかねます。あらかじめご了承ください。

●造本には万全を期しておりますが、万一、落丁・乱丁がございましたら、送料小社負担にてお取り替え致します。お手数ですが、インプレスカスタマーセンターまでご返送ください。

■ 読者様のお問い合わせ先
インプレス カスタマーセンター
〒102-0075 東京都千代田区三番町20番地
TEL 03-5213-9295 ／ FAX 03-5275-2443
info@impress.co.jp

本書の内容はすべて、著作権法上の保護を受けております。本書の一部あるいは全部について（ソフトウェア及びプログラムを含む）、株式会社インプレスジャパンから文書の許諾を得ずに、いかなる方法においても無断で複写、複製することは禁じられています。

Copyright © 2014 Masahiro Ueno, Jun Sugimoto, Masayuki Maekawa, Sou Morita. All right reserved.
ISBN 978-4-8443-3567-2 C3055
Printed in Japan